HW Erxleben

Erstellung von Bemessungshilfen für die Auslegung von Satteldachträgern in Holzbauweise

GRIN Verlag

Bibliografische Information der Deutschen Nationalbibliothek:

Die Deutsche Bibliothek verzeichnet diese Publikation in der Deutschen Nationalbibliografie; detaillierte bibliografische Daten sind im Internet über http://dnb.d-nb.de/ abrufbar.

Impressum:

Druck und Bindung: Books on Demand GmbH, Norderstedt Germany
ISBN: 978-3-656-13895-2

Dieses Buch bei GRIN:

http://www.grin.com/de/e-book/189511/erstellung-von-bemessungshilfen-fuer-die-auslegung-von-satteldachtraegern

DIPLOMARBEIT

Erstellung von Bemessungshilfen für die Auslegung von Satteldachträgern in Holzbauweise

Wintersemester 2008/2009
Fachhochschule Bielefeld - Campus Minden

Heinz-Werner Erxleben
605600

Inhaltsverzeichnis

1 Einleitung

Diese Diplomarbeit beschäftigt sich mit der „Erstellung von Bemessungshilfen für die Auslegung von Satteldachträgern in Holzbauweise“ nach der deutschen Holzbaunorm [DIN 1052:2008-12] und dem Eurocode 5 [DIN EN 1995:2008-09].

> „Dem Streben nach ungegliederten Vollwandkonstruktionen mit klarer Linienführung kommt die Holzklebebauweise weit entgegen. Zweckmäßigkeit und Wirtschaftlichkeit der Konstruktion verbinden sich mit der natürlichen Schönheit des Baustoffs Holz“

Herzog / Natterer Holzbau Atlas 4. Aufl. Basel 2003

Für Dachkonstruktionen von Hallen mit mittleren Spannweiten von 10 – 35 Meter werden häufig Satteldachbinder aus Brettschichtholz verwendet. Neben anderen üblichen Materialien wie Stahl- und Stahlbeton stellt Brettschichtholz erfahrungsgemäß das stärkste aller üblichen Konstruktionsmaterialen im Verhältnis zu seinem Eigengewicht dar.

Neben hervorzuhebender Ästhetik dieses Baustoffs verfügt Holz als nachwachsender Rohstoff auch über ökologisch wertvolle Aspekte. Bei industriell genutzten Bauten sind insbesondere eine lange Nutzungsdauer und geringe Instandhaltungskosten für den Nutzer von Bedeutung. Brettschichtholz bietet sich für diesen Anwendungsbereich ideal an.

Dennoch fällt die Wahl zu oft auf den Baustoff Stahl, da hierfür dem Tragwerksplaner viele Systemlösungen für die Dimensionierung von Querschnitten und deren Anschlüsse zur Verfügung stehen.

Um gegenüber dem Stahl- und Stahlbeton-Hallenbau konkurrenzfähig sein zu können und wirtschaftliche Konstruktionen für weit gespannte Tragsysteme zu erreichen bedingt es im Holzleimbau für jeweilige Nutzungsbedingungen optimierter Lösungen.

Die vorliegende Arbeit dient der Realisierung von Typisierungsmöglichkeiten im Holzbau. Mithilfe der geschriebenen Optimierungsprogramme und den daraus erstellten Tabellen und Diagrammen für wirtschaftlich ausgenutzte Satteldachträger soll dem Planer eine einfache und genaue Möglichkeit der Vorbemessung und Kostenschätzung gegeben werden.

Mit diesen Vorgaben steht dem Planer ein Werkzeug zur Verfügung, welches ihm den Nachweis der Tragfähigkeit einfacher und schneller ermöglicht.

Auf Grund der Tatsache, dass für Holz nun vergleichbare Lösungen wie für Stahl vorliegen, sollte dieser natürliche Baustoff auch wegen seiner umweltfreundlichen Eigenschaften nun wieder vermehrt genutzt werden.

2 Grundlagen

Satteldachbinder sollten in ihrer Geometrie weitestgehend dem Momentenverlauf angepasst sein, um eine optimale Ausnutzung des Querschnitts zu erhalten. Die größten Materialeinsparungen ergeben sich mit diesem Ansatz beim Satteldachträger mit geneigtem Untergurt und einer Ausrundung im Firstbereich. Im Folgenden wird dieser Typ als Typ 3 dargestellt. Der einfache Satteldachträger mit geradem Untergurt (Typ 1) – wirtschaftlich bei geringen Dachneigungen, der gekrümmte Träger mit Aufsattelung (Typ 2), sowie ein kombinierter Trägertyp mit geneigtem Untergurt und Aufsattelung (Typ 4) werden in den nächsten Kapiteln mit ihren Besonderheiten beschrieben.

Großes Augenmerk wird auf die Hauptproblematik Querzug in den jeweiligen Firstbereichen gesetzt. Querzug tritt hier auf, da die geneigte Achse des Binders das Bestreben hat sich unter Belastung gerade zu ziehen.

Querzugspannungen können auch durch äußere Einwirkungen wie z.B. Trocknen des Holzes hervorgerufen werden. Durch unterschiedliche Feuchteverteilung im Holzquerschnitt, kommt es dabei auch zu Rissbildungen.

Neben Durchbiegungen sind bei Satteldachträgern auch Horizontalverschiebungen des beweglichen Lagers zu erwarten.

Vorausgesetzt wird das System eines statisch bestimmten Einfeldträgers mit jeweils Gabelgelagerten Auflagerungen, die hier den Druckgurt des Biegestabes gegen seitliches Kippen halten. Um im Feld gleiches zu erwirken, werden in der Regel die Biegeträger durch Verbandspfetten am Obergurt punktweise gestützt.

Die Faserrichtung der Lamellen ist immer parallel zum unteren Rand - ein Anschnitt der Fasern sollte nur auf der Biegedruckseite erfolgen. Bis zu einem Faseranschnitt von 3° kann dieser unberücksichtigt bleiben.

Laut Literatur sind Brettschichholztträger - speziell Satteldachträger - wirtschaftlich bei Spannweiten von 10,0 bis zu 35,0m. Die sich daraus ergebenden Höhen der Binder lassen sich nach folgenden Näherungsformeln für eine Vorbemessung bestimmen.

 *Satteldachträger mit geradem Untergurt*	$l = 10 \sim 35\ [m]$ $\quad H \cong \frac{l}{16}$ $\quad h \cong \frac{l}{30}$

 *Satteldachträger mit gekrümmten Untergurt*	$l = 10 \sim 30\ [m]$ $\quad H \cong \frac{l}{14}$ $\quad h \cong \frac{l}{26}$
 *Gekrümmter Träger mit Aufsattelung*	$l = 10 \sim 30\ [m]$ $\quad H \cong \frac{l}{13}$ $\quad h \cong \frac{l}{26}$

Abb. 2.1: Übliche Systemmaße bei Binderabständen von $e = 5 \sim 8\ [m]$

3 Einwirkungen Lastannahmen

Auf das Biegetragteil einwirkende Belastungen sind nach DIN 1055-100 und DIN1055-5 zu ermitteln.

Das System erhält aus dem Eigengewicht des Binders, seiner Aufbauten, der Eindeckung und möglicher Installationen seine ständige Einwirkung.

Diese Lasten können gleichmäßig über die Binderlänge verteilt angesetzt werden. Ihre Lastordinate ist auf die Dachfläche bezogen.

Veränderliche Einwirkungen beschränken sich in der Regel auf auftretende Schnee- und Eislasten. Auswirkungen in Lotrichtung aus Windlasten auf Luv-, sowie Leeseite sind für die Bemessung des Binders nicht relevant, da sie eine entlastende Kraft auf die Dachkonstruktion ausüben.

Unter der Annahme, dass sich der Schnee annähernd gleichmäßig über die Binderlänge verteilt, kann für diese Einwirkung ein Lastspiel entfallen. Ihre Lastwerte sind auf die Grundrissprojektion bezogen.

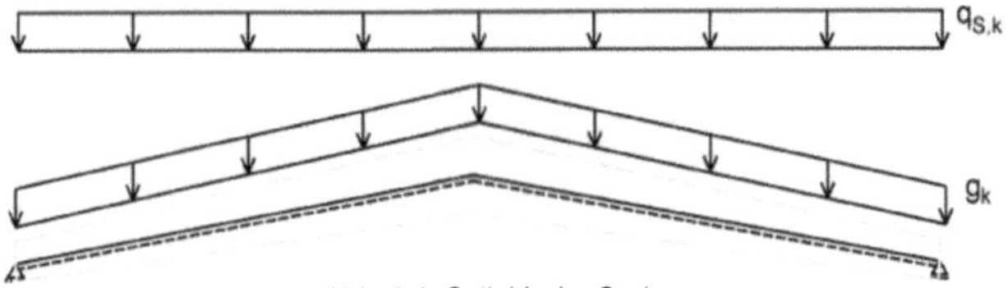

Abb. 3.1: Satteldach - System

Einwirkende Lasten können somit zusammengefasst werden zu

$$E_d = \gamma_G \cdot g_k / \cos\delta + \gamma_Q \cdot q_{S,k}$$

4 Bemessung der Satteldachträgertypen

4.1 Satteldachträger mit geradem Untergurt

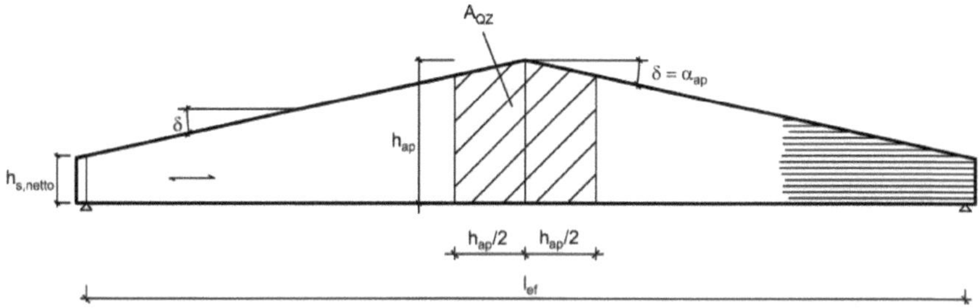

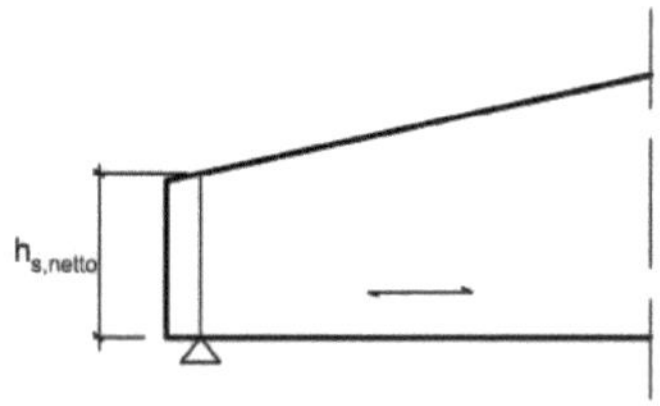

Faseranschnittswinkel:

$$\alpha = \delta$$

Längenbestimmungen:

$$h_{ap} = h_{s,netto} + l_{ef} / 2 \cdot \tan\delta$$

$$h_{c/2} = h_{ap} - c / 2 \cdot \tan\delta$$

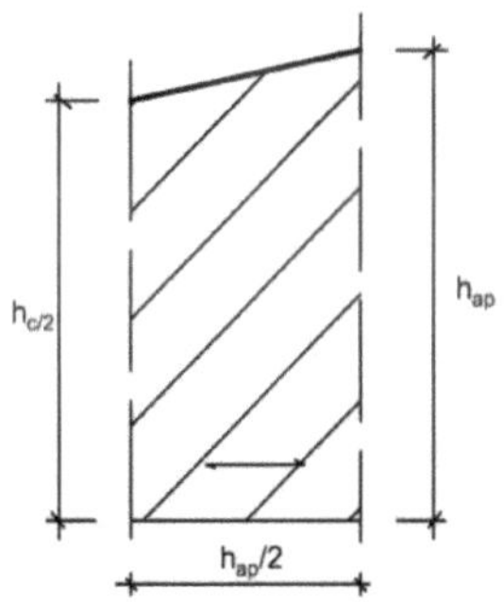

Flächenbestimmungen:

$$A_{SDT,1} = (l_{ef} + l_a)^2 \cdot \tan\delta / 8$$

$$A_{SDT,2} = (l_{ef} + l_a) / 2 \cdot (h_{s,netto} - l_a / 2 \cdot \tan\delta)$$

$$A_{SDT} = (A_{SDT,1} + A_{SDT,2}) \cdot 2$$

$$A_{QZ} = h_{ap}^{\ 2} - h_{ap}^{\ 2} \cdot \tan\delta / 4$$

Die in der DIN 1052:2008-12 aufgeführten Bemessungsansätze für Pultdachträger – analog für diesen Satteldachträgertyp - gelten nur für Faseranschnittswinkel $\alpha \leq 10°$ bzw. maximale Dachneigungswinkel bei eben eingebrachten Trägern.

4.1.1 Nachweise der Randspannung

Bedingt durch die geometrische Form des Trägers bestehen Randbereiche mit angeschnittenen Holzfasern. Dieser Anschnitt befindet sich hier in der Biegedruckzone, durch welchen Schub- und Querdruckspannungen hervorgerufen werden.

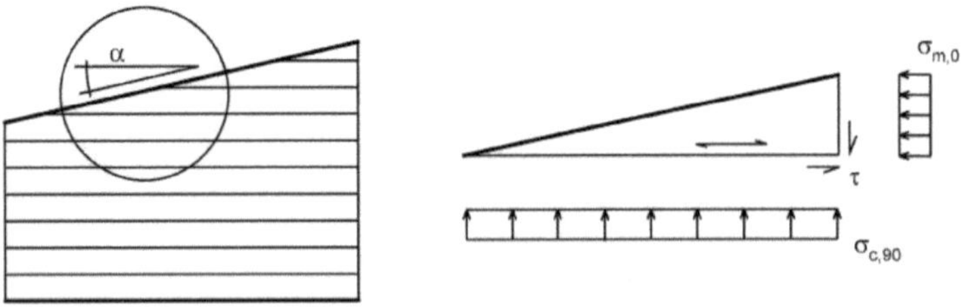

Abb. 4.1: angeschnittener Rand unter positivem Moment

Bei angeschnittenem Biegezugrand – also negativem Moment - analog mit umgekehrten Vorzeichen für die einzelnen Spannungen.

Bei der Bemessung wird diese Spannungskombination durch eine Reduktion des Bemessungswertes der Biegefestigkeit - um den Faktor $k_{\alpha,c}$ - erfasst. Bis zu einem Faseranschnittswinkel von $\alpha \leq 3{,}0°$ kann $k_{\alpha,c}$ unberücksichtigt bleiben bzw. zu 1 gesetzt werden. Dies gilt lediglich für den Anschnitt im Druckbereich!

Die Biegefestigkeit setzt sich somit zusammen aus $f_{m,\alpha,d} = k_{\alpha,c} \cdot f_{m,d}$.

$$f_{m,\alpha,d} = k_{\alpha,c} \cdot f_{m,d} = \frac{f_{m,d}}{\sqrt{\left(\frac{f_{m,d}}{f_{c,90,d}} \cdot \sin\alpha^2\right)^2 + \left(\frac{f_{m,d}}{2{,}0 \cdot f_{v,d}} \cdot \sin\alpha \cdot \cos\alpha\right)^2 + \cos^4\alpha}} \quad \text{(Gl. 82)}$$

Die maßgebende Stelle dieses Nachweises ist die mit der größten Biegspannung. Ihr Maximaler Wert $(\sigma_m = M / W)$ tritt in der Regel nicht an der Stelle des maximalen Momentes auf, da die Widerstandsmomente vom Firstpunkt zum Auflager hin schneller als die Biegemomente abnehmen. Unter einer Gleichstreckenlast liegt der maßgebende Querschnitt im Abstand x_0 vom Auflager mit der zugehörigen Querschnittshöhe h_{x0}.

Bei konstanter Breite über den gesamten Träger lässt sich die maßgebende Stelle über das vereinfachte Verhältnis ermitteln:

$$\sigma(x) = \frac{M(x)}{W(x)} = \frac{M}{\frac{b \cdot h^2}{6}} \quad \hat{=} \quad \frac{M}{h^2} \qquad \text{bei } \frac{b}{6} \rightarrow const.$$

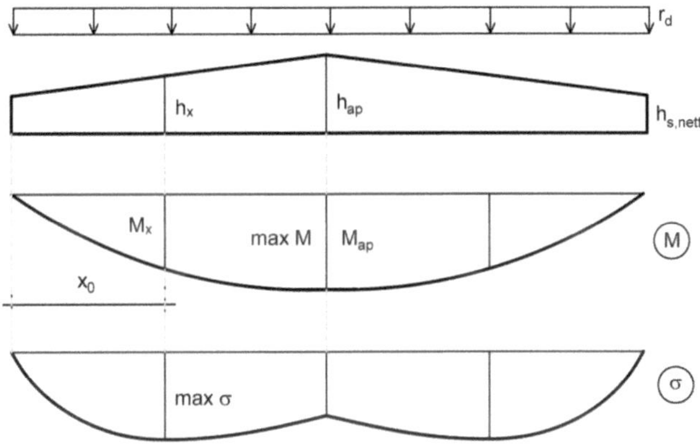

Abb. 4.2: Spannungsverlauf über den Träger

$x_0 = \frac{l_{ef} \cdot h_{s,netto}}{2 \cdot h_{ap}}$	$h_{x0} = h_{s,netto} + x_0 \cdot \tan\delta$

Aufgrund der unterschiedlichen Beanspruchungsverhältnisse an den beiden Rändern, ist folglich auch für den geraden Untergurt ein Biegespannungsnachweis zu führen. Dabei wird die Spannung erhöht in Ansatz gebracht.

$$\sigma_{m,0,d} = (1 + 4 \cdot \tan^2 \alpha) \cdot \frac{M_{x,o,d}}{W_x} \qquad \text{(Gl. 76)}$$

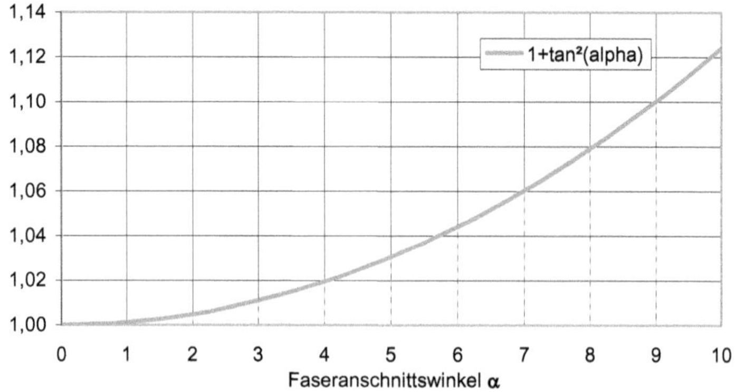

Abb. 4.3: Spannungserhöhung für Randspannung

Nachweise nach DIN 1052: 2008-12

Faser II Rand	$\frac{\sigma_{m,0,d}}{f_{m,d}} \leq 1$ (Gl. 75)
Faser ∠ Rand	$\frac{\sigma_{m,\alpha,d}}{f_{m,\alpha,d}} \leq 1$ (Gl. 77)

Der Nachweis am oberen Druckrand ist jedoch immer bei jeglicher Holzfestigkeitsklasse der maßgebende Nachweis und ist daher auch ausreichend, sofern ein gleiches Widerstandsmoment vorausgesetzt werden kann.

Beweis:

$$\frac{\sigma_{m,\alpha,d}}{k_{\alpha,c} \cdot f_{m,d}} \geq \frac{\sigma_{m,0,d}}{f_{m,d}}$$

$$\frac{\sigma_{m,\alpha,d}}{k_{\alpha,c}} \geq (1 + 4 \cdot \tan^2 \alpha) \cdot \sigma_{m,\alpha,d}$$

$$\frac{1}{k_{\alpha,c}} \geq (1 + 4 \cdot \tan^2 \alpha)$$

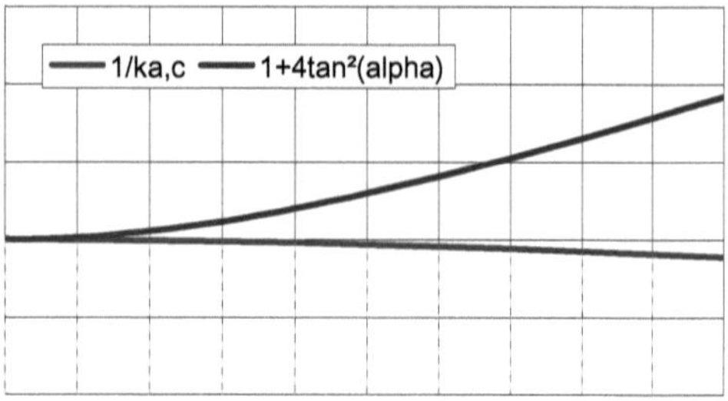

Abb. 4.4: Qualitativer Verlauf von $1/k_{\alpha,c}$ und $(1 + 4 \cdot \tan^2 \alpha)$ in Abhängigkeit von α

4.1.2 Nachweise im Firstquerschnitt

Im Firstbereich wird das Moment maximal – die dadurch erzeugte Biegespannung verteilt sich nicht linear über den Querschnitt bedingt durch die veränderliche Trägerhöhe. Zusätzlich verursacht der Knick im First eine Umlenkkraft, welche eine Querzugbeanspruchung des Querschnitts hervorruft.

4.1.2.1 Biegelängsspannung

Die größte Biegespannung im Firstquerschnitt tritt am unteren Rand auf. Um diese rechnerisch einfach zu erfassen, wird von einem linearen Modell ausgegangen, welches mit dem Faktor $k_{l,ap}$ zu erhöhen ist um die rechnerische Spannung der eigentlichen hyperbolischen Spannungsverteilung im Zugspannungsbereich anzunähern.

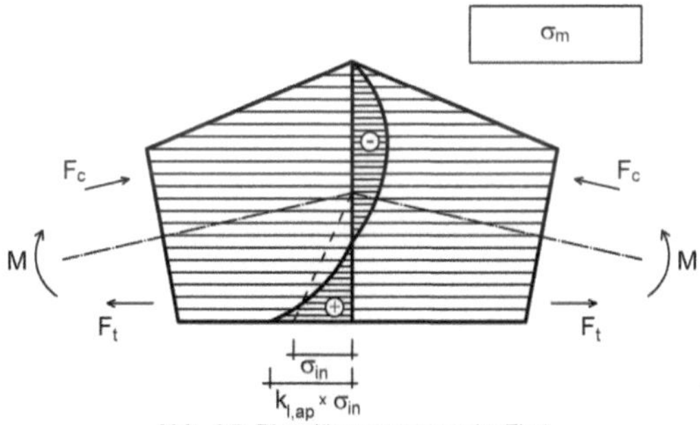

Abb. 4.5: Biegelängsspannung im First

$$\sigma_{m,ap,d} = k_{l,ap} \frac{M_{ap,d}}{W_{ap}}$$

$$k_{l,ap} = k_1 + k_2 \cdot k_{ap} + k_3 \cdot k_{ap}^2 + k_4 \cdot k_{ap}^3$$

$$\text{mit } k_{ap} = \frac{h_{ap}}{r} = 0 \text{ , da } r = \infty$$

$$\sigma_{m,ap,d} = k_1 \cdot \frac{M_{ap,d}}{W_{ap}} \quad \text{(Gl. 84)}$$

$$k_1 = 1 + 1,4 \cdot \tan\delta + 5,4 \cdot \tan^2\delta$$

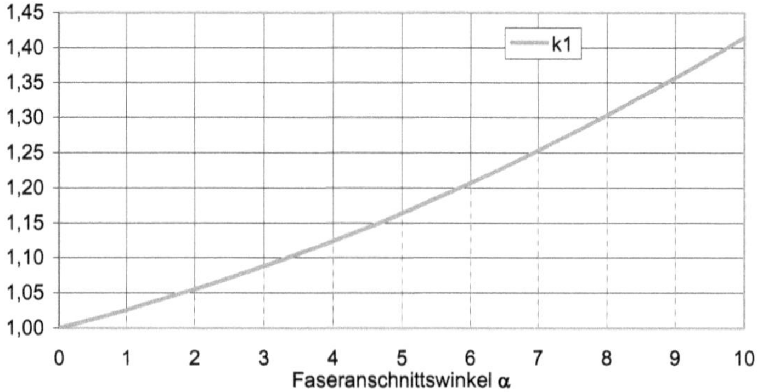

Abb. 4.6: Verlauf vom Faktor k1

Nachweise nach DIN 1052: 2008-12

$$\frac{\sigma_{m,ap,d}}{f_{m,d}} \leq 1 \qquad \text{(Gl. 83)}$$

4.1.2.2 Querzugspannung

Biegemomente im Bereich des Firstes verursachen auch Beanspruchungen rechtwinklig zur Faserrichtung, da sich hier der Spannungsfluss abrupt ändert. Für die Annahme einer linearen Spannungsverteilung im First, kann man aussagen, dass die resultierenden Druckkräfte F_c schräg gegeneinander laufen und eine resultierende Umlenkkraft U zur Folge haben.

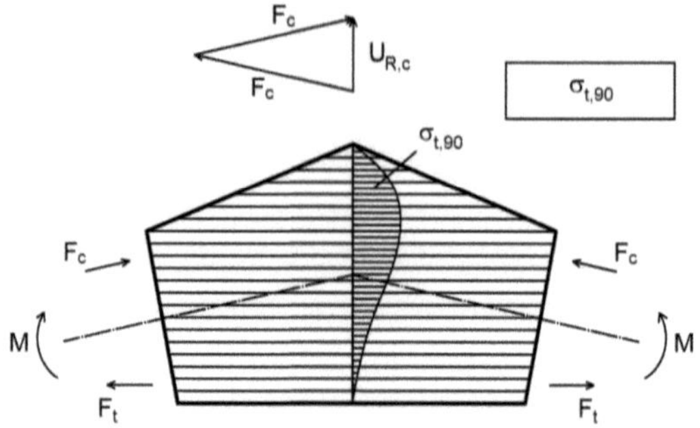

Abb. 4.7: Querzugspannungsverteilung im First

$$\sigma_{t,90,d} = k_p \cdot \frac{M_{ap,d}}{W_{ap}}$$

$k_p = k_5 + k_6 \cdot k_{ap} + k_7 \cdot k_{ap}^2$ mit $k_{ap} = \frac{h_{ap}}{r} = 0$, da $r = \infty$
$\sigma_{t,90,d} = k_5 \cdot \frac{M_{ap,d}}{W_{ap}}$ (Gl 86)
$k_5 = 0{,}2 \cdot \tan\delta$

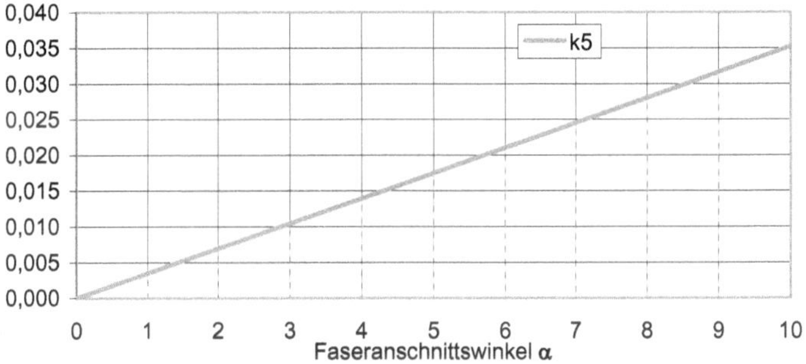

Abb. 4.8: Verlauf vom Faktor k5

Die der Umlenkkraft entgegenwirkende Zugfestigkeit $f_{t,90,d}$ des Querschnitts darf erhöht werden, da davon ausgegangen wird, dass sich die Spannung über den Firstbereich verteilt. Dieser querzugbeanspruchte Bereich wird mit einer Breite gleich der Höhe des Firstes h_{ap} angenommen. Der Einfluss der Spannungsverteilung über diesen Bereich wird mit dem Faktor $k_{dis} = 1{,}30$ bei einer Referenzhöhe von $h_0 = 600mm$ berücksichtigt.

$k_{dis} \cdot \left(\frac{h_0}{h_{ap}}\right)^{0,3} \cdot f_{t,90,d}$
$k_{dis} = 1{,}30$ (Gl 87)
$h_0 = 600\text{mm}$ h_{ap} in mm

Der Einfluss durch eine vorherrschende Querkraft im First – z.B. bei einem Verbandsträger – muss ebenfalls beachtet werden. Bei symmetrischen Trägern mit symmetrischer Belastung hat das System im Firstpunkt einen Querkraftnullpunkt. Dadurch wird die Schubspannung $\tau = 0$ und der zusätzliche Einfluss entfällt.

Nachweise nach DIN 1052: 2008-12

$$\frac{\sigma_{t,90,d}}{k_{dis} \cdot \left(\frac{h_0}{h_{ap}}\right)^{0,3} \cdot f_{t,90,d}} + \left(\frac{\tau_d}{f_{v,d}}\right)^2 \leq 1,0 \quad \text{(Gl 85)}$$

4.1.3 Durchbiegung

Die Durchbiegung des Trägers im Grenzzustand der Gebrauchstauglichkeit wird analog zu einem parallelgurtigen Biegeträger nachgewiesen. Sie setzt sich aus einem Biegeanteil w_σ und einem Schubanteil w_τ zusammen, wobei der Schubanteil oft vernachlässigt wird, da der Effekt im Verhältnis recht gering ist. Aufgrund der günstigeren Geometrie des SDT gegenüber einem geraden Binder, sind ihre jeweiligen Durchhanganteile zu reduzieren mit den Faktoren k_m und k_τ.

$$w_{ges} = w_\sigma + w_\tau$$

$$w_\sigma = \frac{5}{384} \cdot \frac{E_k^{g;q} \cdot l^4}{E_{0,mean} \cdot I_s} \cdot k_\sigma \quad \text{mit} \quad I_s = \frac{b \cdot h_s^3}{12}$$

$$w_\tau = \frac{0,15 \cdot q \cdot l^2}{G \cdot A_s} \cdot k_\tau \quad \text{mit} \quad A_s = b \cdot h_s$$

$$k_\sigma = \frac{(h_s / h_{ap})^3}{0,15 + 0,85 \cdot h_s / h_{ap}} \qquad k_\tau = \frac{2}{1 + (h_{ap} / h_s)^{2/3}}$$

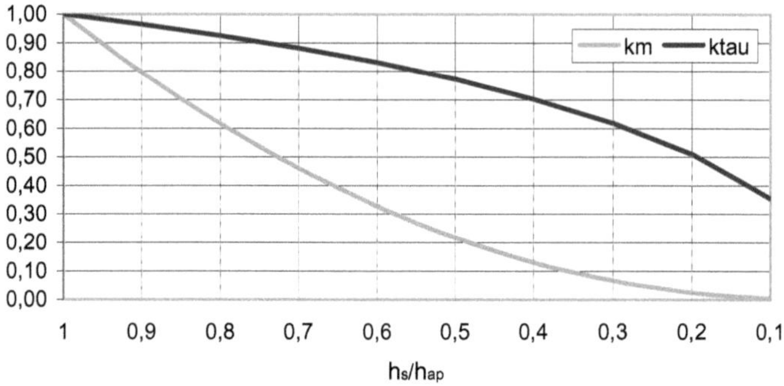

Abb. 4.9: Verlauf von k_σ und k_τ

4.2 Satteldachträger als gekrümmter Träger mit Aufsattelung

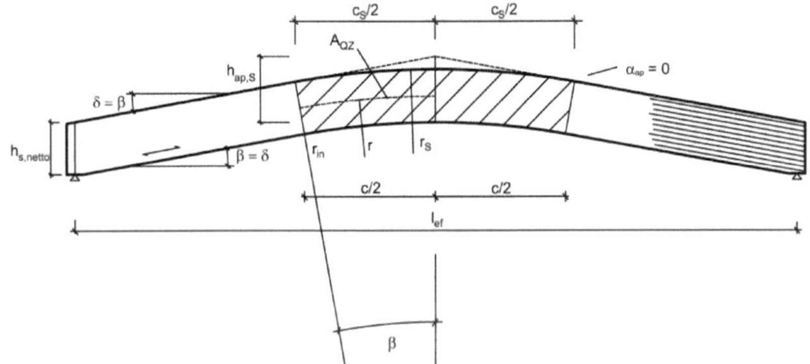

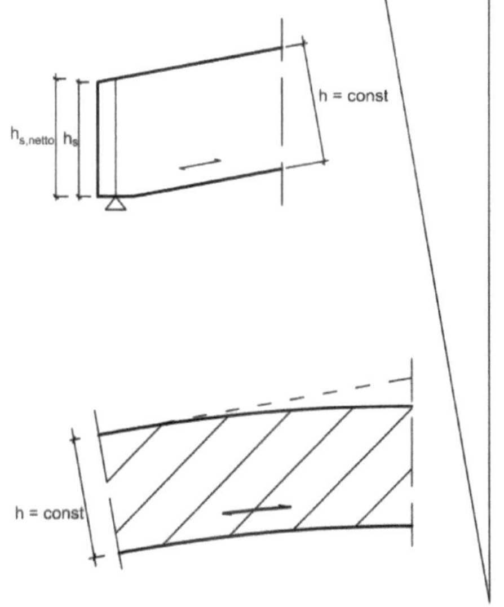

Faseranschnittswinkel:

$$\alpha = 0°$$

Längenbestimmungen:

$$h_s = h \; / \cos\delta - l_a \cdot \tan\delta$$
$$h_{s,netto} = h_s + l_a / 2 \cdot \tan\delta$$
$$c = 2 \cdot \sin\delta \cdot r_{in}$$
$$c_S = 2 \cdot \sin\delta \cdot (r_{in} + h \;)$$
$$r = r_{in} + h \; / 2$$
$$r_S = r_{in} + h$$
$$h_{apS} = h \; + c_S / 2 \cdot \tan\delta - r_S \cdot (1 - \cos\delta)$$

Flächenbestimmungen:

$$A_{SDT,1} = (l_{ef} + l_a)^2 / 8 \cdot \tan\delta$$
$$A_{SDT,2} = (l_{ef} + l_a) / 2 \cdot (h_{s,netto} - l_a / 2 \cdot \tan\delta)$$
$$A_{SDT,3} = (l_{ef} - l_a)^2 / 8 \cdot \tan\beta$$
$$A_R = \frac{c^2}{4} \cdot \tan\delta - \pi \cdot r_{in}^2 \cdot \frac{\delta}{180°} + \frac{c}{2} \cdot \sqrt{r_{in}^2 - \frac{c^2}{4}}$$
$$A_S = \frac{c^2}{4} \cdot \tan\delta - \pi \cdot r_S^2 \cdot \frac{\delta}{180°} + \frac{c_S}{2} \cdot \sqrt{r_S^2 - \frac{c_S^2}{4}}$$
$$A_{SDT} = (A_{SDT,1} + A_{SDT,2} - A_{SDT,3}) \cdot 2 + A_R$$
$$A_{QZ} = \frac{\delta}{180°} \cdot (\pi \cdot r_S^2 - \pi \cdot r_{in}^2)$$

Dieser sattelförmige Trägertyp ist eine Ableitung des konzentrisch gekrümmten Trägers, der mit einem aufgelegten Sattel kombiniert wird. Diese Aufsattelung kann auch durch Aufständerung mit Strebenhölzer realisiert werden – dies entspricht aber selten architektonischen Forderungen.

Durch seine einfache Geometrie mit konstanter Höhe treten im First rechnerisch nur geringe Querzugspannungen auf.

Da ein Anschnitt der Fasern nicht auftritt, sind die in der DIN 1052:2008-12 aufgeführten Bemessungsansätze für gekrümmte Träger in ihrer Dachneigung nicht begrenzt.

4.2.1 Nachweise im Firstbereich

Im Firstbereich des Trägers tritt das größte Moment auf und bedingt durch die konstante tragende Querschnittshöhe demnach auch die größte Biegespannung. Bei flach geneigtem Ausrundungsbereich minimieren sich die Querzugspannungen und Biegelängsspannungen nehmen einen annähernd linearen Verlauf mit nur geringer Spannungsspitze an der Unterseite des Trägers.

4.2.1.1 Biegelängsspannung

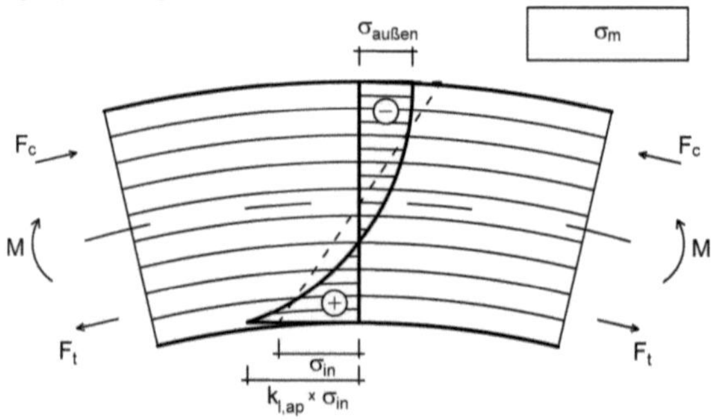

Abb. 4.10: Biegelängsspannug im First

$$\sigma_{m,ap,d} = k_{l,ap} \cdot \frac{M_{ap,d}}{W_{ap}}$$

hier: $k_{l,ap} = \left(1 + 0{,}35 \cdot k_{ap} + 0{,}6 \cdot k_{ap}^{\;2}\right)$, da $\alpha = 0°$

$$\sigma_{m,ap,d} = \left(1 + 0{,}35 \cdot k_{ap} + 0{,}6 \cdot k_{ap}^{\;2}\right) \cdot \frac{M_{ap,d}}{W_{ap}}$$

(Gl 90)

Der Einfluss aus der Vorkrümmung der Lamellen muss berücksichtigt werden. Maßgebend dafür wird die Lamelle auf der Innenseite der Ausrundung, da sie die größte Krümmung aufweist. Ihr Krümmungsradius wird mit r_{in} beschrieben. Sollte das Verhältnis von r_{in} zur

Lammellenstärke t größer als 240 sein, wird auf eine Abminderung der Biegefestigkeit verzichtet. Sollte das Verhältnis geringer ausfallen, ist $f_{m,d}$ um den Faktor k_r abzumindern, da die Eigenspannungen des Querschnitts an diesem Bereich zu groß werden.

für $r_{in}/t \geq 240$	$k_r = 1$
für $r_{in}/t < 240$	$k_r = 0{,}76 + 0{,}001 \cdot \frac{r_{in}}{t}$

Laut den Anforderungen an die Herstellung für Brettschichtholz (Anhang H der DIN 1052) gilt generell für Biegetragteile eine Begrenzung des Krümmungsradius. Für die Nutzungsklasse 1 und 2 ist ein Biegeradius von mindestens $230 \cdot t$ und für die Nutzungsklasse 3 von mindestens $205 \cdot t$ einzuhalten. Wenn die Lamellendicke t der Anforderung

$$t \leq 13 + 0{,}4 \cdot \left(r_{in}/t - 150 \right)$$

entspricht, können sogar Biegeradien von $150 \cdot t$ erreicht werden.

Der Abminderungsfaktor k_r kann bei minimal zulässigem Krümmungsradius folglich auf $k_r = 0{,}76 + 0{,}001 \cdot 150 = 0{,}91$ fallen.

Nachweise nach DIN 1052: 2008-12

$$\frac{\sigma_{m,ap,d}}{k_r \cdot f_{m,d}} \leq 1 \quad \text{(GL 89)}$$

4.2.1.2 Querzugspannung

Gegenüber dem einfachen Satteldachträger mit geradem Untergurt treten hier größere Querzugspannungen auf. Betrachtet man die Kraftvektoren im First – resultierend aus dem Moment – so stellt man fest, dass nicht nur die Druckkomponente eine Umlenkkraft erzeugt sondern auch die Komponente auf der Zugseite. Die des Druckgurtes fällt, durch den entfallenden Knick des Firstkeils, jedoch geringer aus, als die des Typ 1.

Die beiden Umlenkkräfte wirken gegenläufig und addieren den Querzug auf das Brettschichtholz.

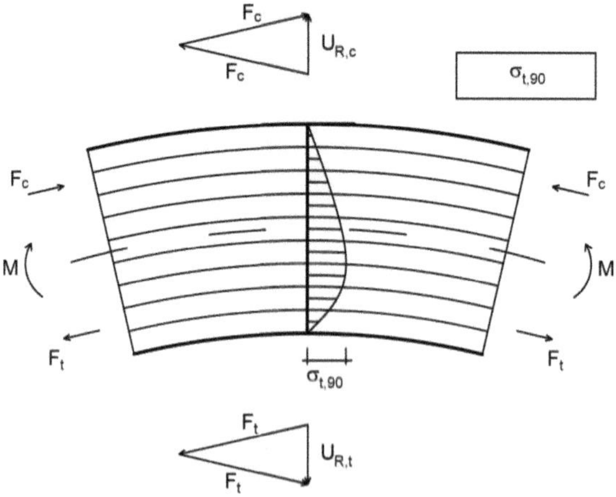

Abb. 4.11: Querzugverteilung im First

$$\sigma_{t,90,d} = k_p \cdot \frac{M_{ap,d}}{W_{ap}}$$

$$k_p = k_5 + k_6 \cdot k_{ap} + k_7 \cdot k_{ap}^2$$

$$k_5 = 0{,}2 \cdot \tan\delta \quad \rightarrow 0$$

$$k_6 = 0{,}25 - 1{,}5 \cdot \tan\delta + 2{,}6 \cdot \tan^2\delta \quad \rightarrow 0{,}25$$

$$k_7 = 2{,}1 \cdot \tan\delta - 4 \cdot \tan^2\delta \quad \rightarrow 0$$

$$k_{ap} = {}^{h_{ap}}\!/_{r}$$

$$\sigma_{t,90,d} = 0{,}25 \cdot k_{ap} \cdot \frac{M_{ap,d}}{W_{ap}} \qquad \text{(Gl 91)}$$

Nachweise nach DIN 1052: 2008-12

$$\frac{\sigma_{t,90,d}}{1{,}15 \cdot \left(\frac{600mm}{h_{ap}}\right)^{0,3} \cdot f_{t,90,d}} + \left(\frac{\tau_d}{f_{v,d}}\right)^2 \leq 1{,}0 \qquad \text{(GL 85)}$$

4.2.2 Befestigung des Sattels

Die Befestigung des Sattels an den Binder ist so auszuführen, dass der Sattel in Trägerlängsrichtung statisch nicht mitwirkend ist. Eine nachgiebige Verbindung ist hier gefordert – so wird üblicherweise das System über Vernagelung in seiner Position gehalten. Hier ist sicher zu stellen, dass auftretende Seitenlasten auf bzw. vom Binder über diese leimlose Fuge in die Aussteifungskonstruktion weitergeleitet werden können. Bei hohen Aufsattelungen bietet es sich eher an eine zusätzliche Verbandspfette am obersten Punkt der Ausrundung anzuordnen oder auf andere konstruktive Maßnahmen - zB Kopfbänder einziehen - zurückzugreifen.

Ein weiterer Ansatz ist die Befestigung des Sattels punktuell über die vorhandenen Gewindestangen. Für diese Gewindestangen ergibt sich dann in der Fuge eine kombinierte Beanspruchung in axialer, sowie in lateraler Richtung. Hier ist der Randabstand von $3 \cdot d$ einzuhalten – welcher bei üblich einreihig eingebrachten Stärken von $d = 16mm$ oder $d = 20mm$ aber kein Problem darstellen sollte. Die Tragfähigkeit bei Beanspruchung senkrecht zur Siftachse lässt sich dabei analog zu einer Holzschraube bemessen.

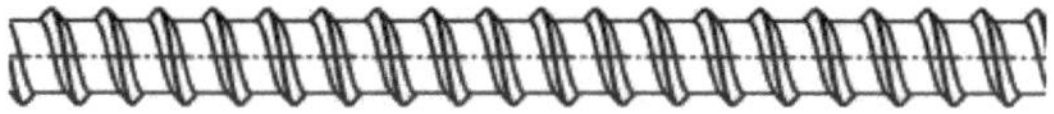

Abb. 4.12: Ausschnitt Gewindestange Typ WB (SFSintec)

Tragfähigkeit lateral für SFSintec WB mit d=16mm

$$R_{la,k} = \sqrt{2 \cdot M_{y,k} \cdot f_{h,90,k} \cdot d}$$

$$M_{y,k} = 0{,}15 \cdot f_{u,k} \cdot d^{2,6} = 0{,}15 \cdot 800 \cdot 16^{2,6} = 162141{,}1\ N/mm^2$$

$$f_{h,90,k} = 0{,}082 \cdot (1 - 0{,}01 \cdot d) \cdot \rho_k / 1{,}59 = 16{,}46\ N/mm^2$$

$$R_{la,k} = \sqrt{2 \cdot 162141{,}1 \cdot 16{,}46 \cdot 16} = 9{,}24\ kN$$

$$R_{la,d} = 0{,}90 \cdot 9{,}24 / 1{,}1 = 7{,}60\ kN$$

System des Trägers mit Aufsattelung

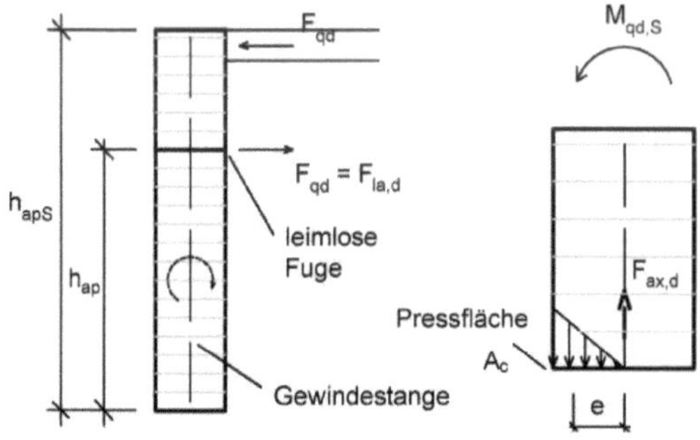

Abb. 4.13: Schnitt im First mit Gewindestange

Folgende Annahmen sind für dieses System zu treffen:

Die zu übertragende (Kipp-)Kraft q_d des Binders aus den beiden inneren Vierteln der Ausrundung (Bereich I) wird über die Gewindestange weitergeleitet. Der Sattelabschnitt oberhalb von Bereich II wird konstruktiv vernagelt oder verschraubt.

Die Verstärkung erhält somit in der Fuge über Bereich I ihre laterale Kraft mit $F_{la,d} = q_d \cdot c/2$.

Das durch den hohen Sattel erzeugte Moment in der Fuge lässt sich annehmen zu $M_{qd,S} = q_d \cdot c/2 \cdot (h_{ap,S} - h_{ap})$. Bei einem inneren Hebelarm von $e = b/6$ lässt sich die axiale Kraft bestimmen zu $F_{ax,d} = M_{qd,S}/e$. Ein Nachweis der Pressungsfläche ist in der Regel nicht zu führen, da die auftretende Kraft auf einer Breite von $b/3$ angesetzt und somit auf der Fläche von $(c/2)\cdot(b/3)$ verteilt werden kann.

Eine Vergrößerung des Hebelarms e durch eine zweireihig versetzte Anordnung der Gewindestangen ist auch möglich – Größen von $2/3\cdot(b-3d)$ können erreicht werden.

Nachzuweisen ist für die kombinierte Beanspruchung der Gewindestange:

$$\left(\frac{F_{ax,d}}{R_{ax,d}}\right)^2 + \left(\frac{F_{la,d}}{R_{la,d}}\right)^2 \leq 1{,}0$$

4.2.3 Durchbiegung

Der Durchbiegungsnachweis gestaltet sich bei diesem Trägertyp ähnlich zum geraden Biegeträger. Die Biegeanteile aus Schub- und Momentenbeanspruchung werden hierbei mit den Faktoren k_σ und k_τ multipliziert.

$$k_\sigma = \frac{(h_s/h_{ap})^3}{0{,}15 + 0{,}85\cdot h_s/h_{ap}} \qquad k_\tau = \frac{2}{1+(h_{ap}/h_s)^{2/3}}$$

Ein weiteres Vorgehen nach dem „Praxishandbuch Deutscher Zimmermeister“ [B.3] ist die Vernachlässigung des geringen Schubanteils und Multiplikation des Biegeanteils mit dem Faktor $k_{\Delta l}$. Dieser Faktor gibt das Verhältnis von Achslänge zur horizontalen Länge des Systems an. Das resultierende Maß der Durchbiegung mit diesem Formalismus ist hier einfacher zu bestimmen und nimmt vergleichbare Wert an wie die des üblichen Verfahrens.

$$k_{\Delta l} = \frac{l_{Systemachse}}{l_{ef}} \qquad k_{\Delta l} = \frac{2\cdot\pi\cdot r\cdot\delta/180° + (l_{ef} - 2\cdot r\cdot\sin\delta)/\cos\delta}{l_{ef}}$$

Über die Durchbiegung kann für den Träger ein horizontaler Verschiebungsweg des Loslagers ermittelt werden. Vereinfacht kann dieser errechnet werden zu:

$$w_{Hor} \approx w_{fin,max} \cdot \left(3{,}2 \cdot \frac{h_s}{l_{ef}} + 2 \cdot \tan\delta \right)$$

4.3 Satteldachträger mit geneigtem Untergurt

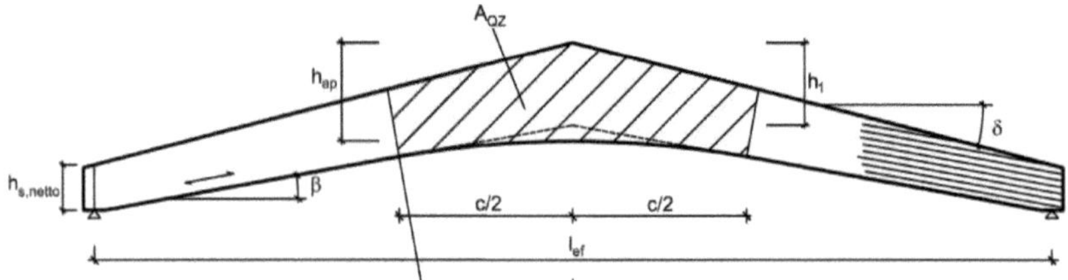

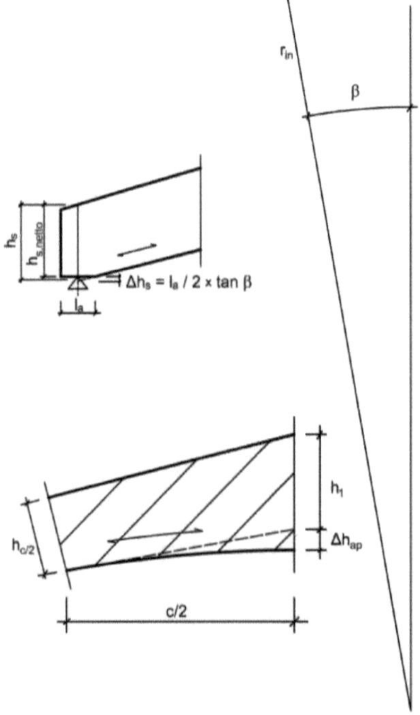

Faseranschnittswinkel:

$$\alpha = \delta - \beta$$

Längenbestimmungen:

$$h_{ap} = h_1 + c/2 \cdot \tan\beta - r_{in} \cdot (1 - \cos\beta)$$

$$h_{ap} = h_1 + c/2 \cdot \tan\beta - r_{in} + \sqrt{r_{in}^2 - c^2/4}$$

$$h_1 = h_{s,netto} + l_{ef}/2 \cdot (\tan\delta - \tan\beta)$$

$$c = 2 \cdot \sin\beta \cdot r_{in}$$

$$c_m = 2 \cdot \sin\beta \cdot (r_{in} + h_1/2)$$

$$r = r_{in} + h_{ap}/2$$

Flächenbestimmungen:

$$A_{SDT,1} = (l_{ef} + l_a)^2 / 8 \cdot \tan\delta$$

$$A_{SDT,2} = (l_{ef} + l_a) / 2 \cdot (h_{s,netto} - l_a / 2 \cdot \tan\delta)$$

$$A_{SDT,3} = (l_{ef} - l_a)^2 / 8 \cdot \tan\beta$$

$$A_R = \frac{c^2}{4} \cdot \tan\beta - \pi \cdot r_{in}^2 \cdot \frac{\beta}{180°} + \frac{c}{2} \cdot \sqrt{r_{in}^2 - \frac{c^2}{4}}$$

$$A_{SDT} = (A_{SDT,1} + A_{SDT,2} - A_{SDT,3}) \cdot 2 + A_R$$

$$A_{QZ,1} = (h_1 + \frac{c}{2} \cdot \tan\beta) - (\frac{c_m^2}{8} \cdot \tan\delta)$$

$$A_{QZ} = 2 \cdot A_{QZ,1} - A_R$$

Der Trägertyp mit geneigtem Untergurt und Ausrundung im Firstbereich ist die gängigste Form eine vollwandige Satteldachkonstruktion auszubilden. Durch eine mögliche Anpassung des Untergurtes und des Ausrundungsbereiches lässt sich der Trägertyp optimal dem Momentenbild der Einwirkungen anpassen.

Die in der DIN 1052:2008-12 aufgeführten Bemessungsansätze für diesen Satteldachträger gelten nur für Obergurtneigungen von $\delta \leq 20°$

4.3.1 Nachweise der Randspannung

Die Nachweise am angeschnitten Rand sind analog zum Satteldachträger mit geradem Untergurt zu führen. Die dabei maßgebende Stelle x_0 lässt sich bei einem symmetrischen System herleiten zu:

$$x_0 = \frac{l_{ef} \cdot h_s}{2 \cdot h_1} \qquad h_{x0}^{l} = h_s + x_0 \cdot (\tan\delta - \tan\beta) \qquad h_{x0} = h_{x0}^{l} \cdot \cos\left(\frac{\delta + \beta}{2}\right)$$

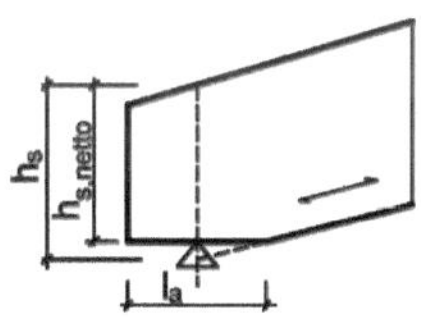

Abb. 4.14: Höhe am Auflager

Anmerkungen: Zu beachten ist, dass die „rechnerische" Auflagerhöhe h_s in Ansatz gebracht wird. In mancher Literatur wird dagegen mit der tatsächlichen Höhe gerechnet, wodurch aber ein geometrischer Fehler entsteht.

Ebenfalls wird die Höhe des Querschnitts an der Stelle x_0 orthogonal zur Systemachse nahezu immer ermittelt mit $h_{x0} \approx h_{x0}^{l} \cdot \cos(\delta - \beta)$ - dabei wird allerdings nicht die Neigung der Systemachse erfasst, sondern die des Faseranschnitts!

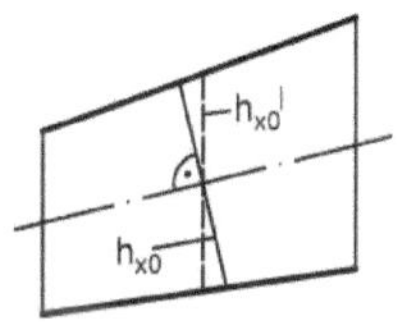

Abb. 4.15: Höhe an Stelle x

Die oben genannte Gleichung für x_0 gilt allerdings nur für den Bereich mit linear veränderlicher Trägerhöhe bzw. konstantem Faseranschnittswinkel. Zu prüfen ist also, ob der Ausrundungsbereich c in die Stelle x_0 „rutscht".

$$x_0 \leq (l_{ef} - c)/2 \quad !!$$

Sollte vorstehende Gleichung nicht erfüllt sein, ist der Nachweis der Randspannung direkt am Ausrundungsbeginn zu führen mit:

$$x_0 = (l_{ef} - c) / 2$$

Alternativ ist der Ausrundungsbereich c bzw. der Krümmungsradius r_{in} auf das Maß x_0 zu begrenzen.

4.3.2 Nachweise im Firstbereich

4.3.2.1 Biegelängsspannung

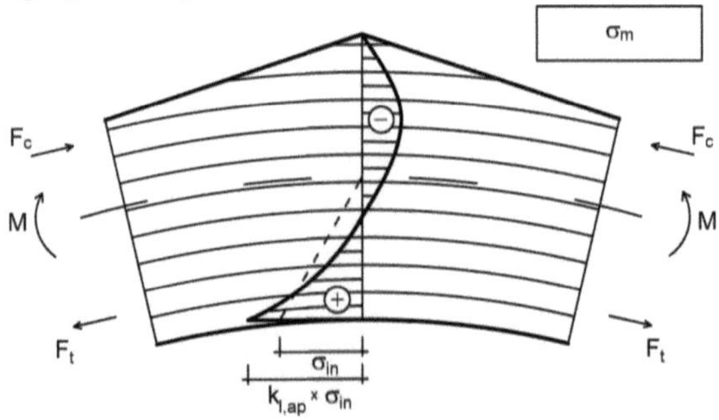

Abb. 4.16: Längsspannung im First

$$\sigma_{m,ap,d} = k_{l,ap} \frac{M_{ap,d}}{W_{ap}} \quad \text{(Gl. 94)}$$

hier: $k_{l,ap} = k_1 + k_2 \cdot k_{ap} + k_3 \cdot k_{ap}^2 + k_4 \cdot k_{ap}^3$

$$k_1 = 1 + 1{,}4 \cdot \tan\delta + 5{,}4 \cdot \tan^2\delta$$
$$k_2 = 0{,}35 - 8 \cdot \tan\delta$$
$$k_3 = 0{,}6 + 8{,}3 \cdot \tan\delta - 7{,}8 \cdot \tan^2\delta$$
$$k_4 = 6 \cdot \tan^2\delta$$
$$k_{ap} = h_{ap} / r$$

Die Biegefestigkeit muss – analog zum gekrümmten träger – bei zu großer Vorkrümmung der Lamellen reduziert werden mit dem Faktor k_r.

für $r_{in}/t \geq 240$	$k_r = 1$
für $r_{in}/t < 240$	$k_r = 0{,}76 + 0{,}001 \cdot \frac{r_{in}}{t}$

Nachweise nach DIN 1052: 2008-12

$$\frac{\sigma_{m,ap,d}}{k_r \cdot f_{m,d}} \leq 1 \quad \text{(GL 93)}$$

4.3.2.2 Querzugspannung

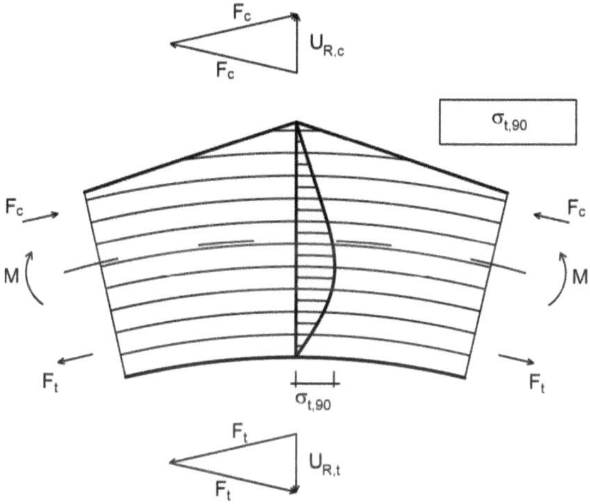

Abb. 4.17: Spannungen rechtwinklig zur Faser

Das System zur Erfassung der Spannungen quer zur Faserrichtung lässt sich für diesen Trägertyp ableiten von den beiden zuvor erläuterten Trägern.

$$\sigma_{t,90,d} = k_p \cdot \frac{M_{ap,d}}{W_{ap}} \quad \text{(Gl 95)}$$

$$k_p = k_5 + k_6 \cdot k_{ap} + k_7 \cdot k_{ap}^2$$

$k_5 = 0{,}2 \cdot \tan\delta$

$k_6 = 0{,}25 - 1{,}5 \cdot \tan\delta + 2{,}6 \cdot \tan^2\delta$

$k_7 = 2{,}1 \cdot \tan\delta - 4 \cdot \tan^2\delta$

$k_{ap} = h_{ap}/r$

Nachweise nach DIN 1052: 2008-12

$$\frac{\sigma_{t,90,d}}{k_{dis} \cdot \left(\frac{h_0}{h_{ap}}\right)^{0,3} \cdot f_{t,90,d}} + \left(\frac{\tau_d}{f_{v,d}}\right)^2 \leq 1{,}0 \quad \text{(Gl 85)}$$

4.4 Satteldachträger mit geneigtem Untergurt und Aufsattelung

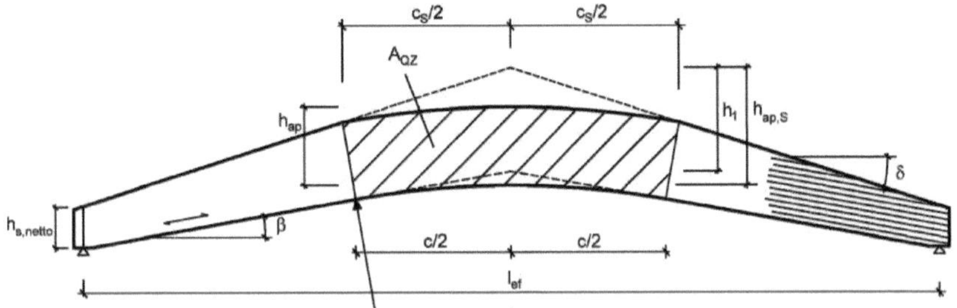

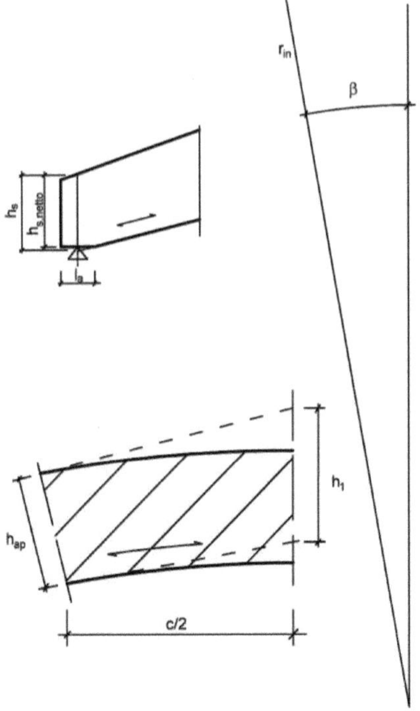

Faseranschnittswinkel:

$$\alpha = \delta - \beta$$

Längenbestimmungen:

$$c = 2 \cdot \sin\beta \cdot r_{in}$$
$$h_1 = h_s + l_{ef}/2 \cdot (\tan\delta - \tan\beta)$$
$$h_{ap} = (h_s + (l_{ef} - c)/2 \cdot (\tan\delta - \tan\beta)) \cdot \cos\alpha$$
$$c_S = 2 \cdot \sin\delta \cdot (r_{in} + h_{ap})$$
$$r_S = r_{in} + h_{ap}$$
$$h_{apS} = h_1 + c/2 \cdot \tan\beta - r_{in} \cdot (1 - \cos\beta)$$

Flächenbestimmungen:

$$A_{SDT,1} = (l_{ef} + l_a)^2 \cdot \tan\delta / 8$$
$$A_{SDT,2} = (l_{ef} + l_a)/2 \cdot (h_{s,netto} - l_a/2 \cdot \tan\delta)$$
$$A_{SDT,3} = (l_{ef} - l_a)^2 \cdot \tan\beta / 8$$
$$A_R = \frac{c^2}{4} \cdot \tan\beta - \pi \cdot r_{in}^2 \cdot \frac{\beta}{180°} + \frac{c}{2} \cdot \sqrt{r_{in}^2 - \frac{c^2}{4}}$$
$$A_S = \frac{c_S^2}{4} \cdot \tan\delta - \pi \cdot r_S^2 \cdot \frac{\delta}{180°} + \frac{c_S}{2} \cdot \sqrt{r_S^2 - \frac{c_S^2}{4}}$$
$$A_{SDT} = (A_{SDT,1} + A_{SDT,2} - A_{SDT,3}) \cdot 2 + A_R$$
$$A_{QZ} = \frac{\beta}{180°} \cdot (\pi \cdot r_S^2 - \pi \cdot r_{in}^2)$$

4.4.1 Nachweise

Die Bemessung erfolgt für diesen kombinierten Trägertyp analog zu seinen Ursprungstypen – dem Satteldachträger mit geneigtem Untergurt und dem Bogenträger mit Sattel.
Im linear ansteigenden Bereich sind die Nachweise der Randspannung an der Stelle x analog zum Satteldachbinder Typ 3 zu führen. Im gekrümmten Firstabschnitt wird nach den Regeln für gekrümmte Träger verfahren.

5 Kippnachweise nach dem Ersatzstabverfahren

Hohe und schlanke Biegeträger unter lotrechter Beanspruchung weisen in der Regel ein Stabilitätsproblem auf – Biegedrillknicken.
Zur Verfügung stehende Nachweise sind zum ersten der genaue Nachweis nach Theorie 2. Ordnung. Dieses erfordert jedoch erhebliche Rechenleistung und ist auf manuellem Wege mit großem Aufwand verbunden. Auf der sicheren Seite liegend bietet sich hier das Ersatzstabverfahren an.

Der zu führende Stabilitätsnachweis ist nach Normung nur für gerade Biegetragteile mit konstanter oder linear veränderlicher Höhe geregelt. Für ungeschwächte parallelgurtige Binder ist der Nachweis an der Stelle mit der größten Spannung am Obergurt zu führen.
Bei Trägern mit linear veränderlichem Querschnitt ist dies analog gehalten, jedoch ist die Höhe für den einzubeziehenden Kippschlankheitsgrad $\lambda_{rel,m}$ bzw. den Kippbeiwert k_m im Abstand von der $0,65-$fachen Kippfeldlänge vom kleineren Querschnittsende aus abzugreifen.
Zusätzlich sollte bei diesem Querschnittstyp der Kippnachweis im letzten Feld vor dem First geführt werden. Hier erlangt die Querschnittshöhe ihr Maximum und daraus resultierend der Kippbeiwert k_m einen Kleinstwert. Die Spannungs- und Querschnittswerte werden auch hier abgegriffen an der Stelle $0,35 \cdot a_h$ vom Firstpunkt.

In den Kippfeldern mit nicht mehr linear veränderlicher Höhe kann es vorkommen, dass die Spannung direkt im First einen größeren Wert annimmt als die an der Stelle $0,35 \cdot a_h$ ist. Dies gilt es zu prüfen und es ist mit dem größeren der beiden Spannungen in die Kippbetrachtung einzusteigen.

Vereinfacht für alle folgenden Bindertypen kann die Ersatzstablänge l_{ef} des betrachteten Kippfeldes – unter der Annahme $M_l \approx M_r$ - zu $l_{ef} = a_h$ angesetzt werden.

Nach Anhang E.3 Kipplängenbeiwerte:

$$l_{ef} = \frac{a_h}{a_1 \cdot \left(1 - a_2 \cdot \frac{a_z}{a_h} \cdot \sqrt{\frac{B}{T}}\right)} \qquad a_1 = 1{,}0 \quad a_2 = 0 \qquad l_{ef} = a_h$$

Parallelgurtiger ebener Binder

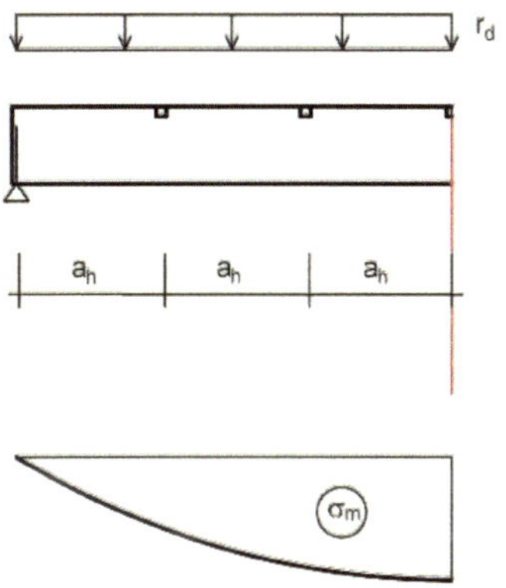

Ersatzsystem:

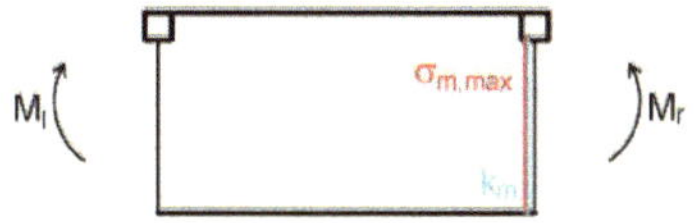

$$\sigma_{m,max} = \frac{M_{max}}{W}$$

k_m an Stelle von $\sigma_{m,max}$

SDT mit geradem Untergurt

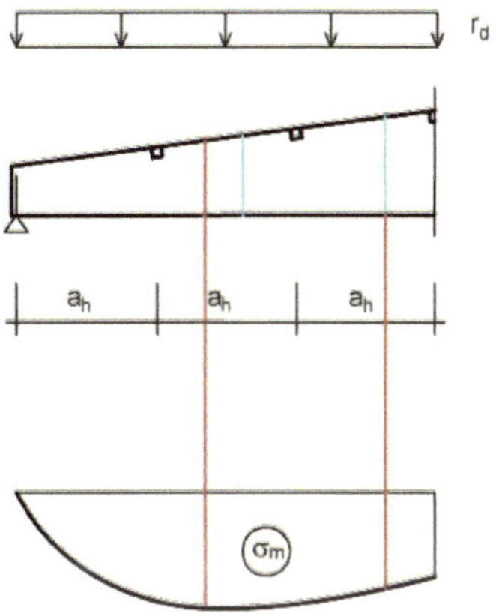

Ersatzsystem 1 (*Feld von x*)

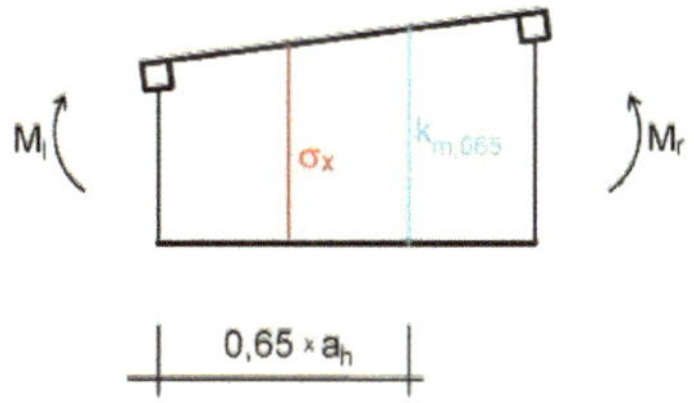

$$\sigma_{m,max} = \sigma_x = \frac{M_x}{W_x}$$

k_m an Stelle $0,65 \cdot a_h$

Ersatzsystem 2 (*Feld vor dem First*)

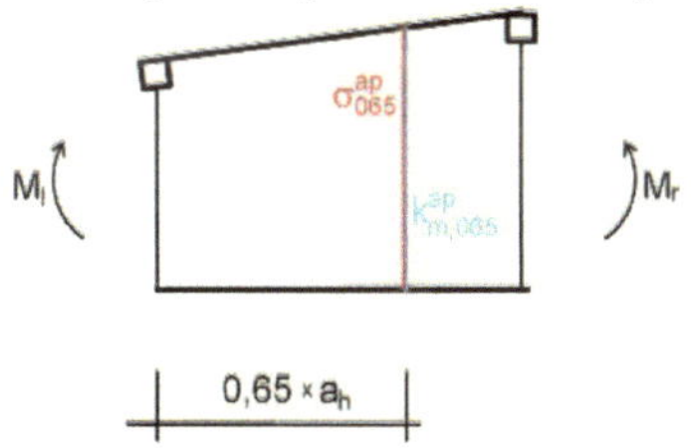

$$\sigma^{ap}_{m,065} = \frac{M_{065}}{W_{065}} \text{ an Stelle } 0,65 \cdot a_h$$

k^{ap}_{m} an Stelle $0,65 \cdot a_h$

SDT mit konzentrisch gekrümmten Untergurt

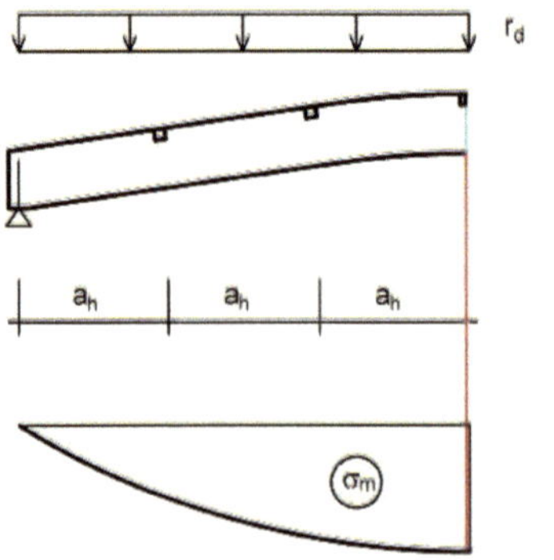

Ersatzsystem

Bildung des Ersatzsystems ist analog zum parallelgurtigen ebenen Trägertyp, da die Querschnittshöhe konstant ist.

$$\sigma_{m,max} = \frac{M_{max}}{W}$$

k_m an Stelle von $\sigma_{m,max}$

SDT mit gekrümmtem Untergurt

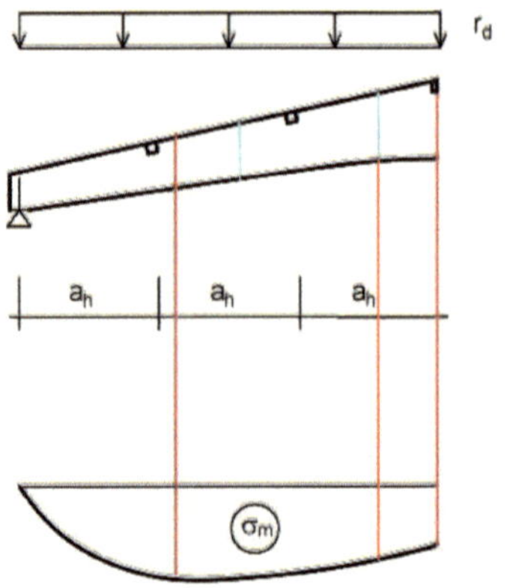

Ersatzsystem 1 (*Feld von x)*

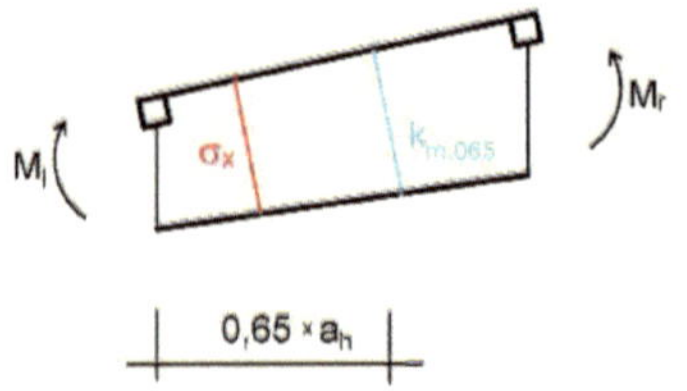

$$\sigma_{m,max} = \sigma_x = \frac{M_x}{W_x}$$

k_m an Stelle $0,65 \cdot a_h$

Ersatzsystem 2 (*Feld vor dem First*)

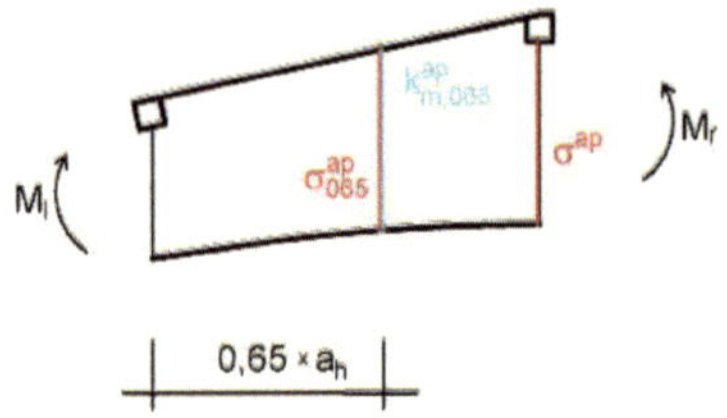

$$\sigma_{max} = \max\left|\sigma^{ap}_{m,065}\ ;\ \sigma^{ap}_{m}\right|$$

$$\sigma^{ap}_{m,065} = \frac{M_{065}}{W_{065}} \text{ an Stelle } 0,65 \cdot a_h$$

$$\sigma^{ap}_{m} = \frac{M_{ap}}{W_{ap}} \text{ im Firstpunkt}$$

k^{ap}_{m} an Stelle $0,65 \cdot a_h$

SDT mit gekrümmtem Untergurt und Aufsattelung

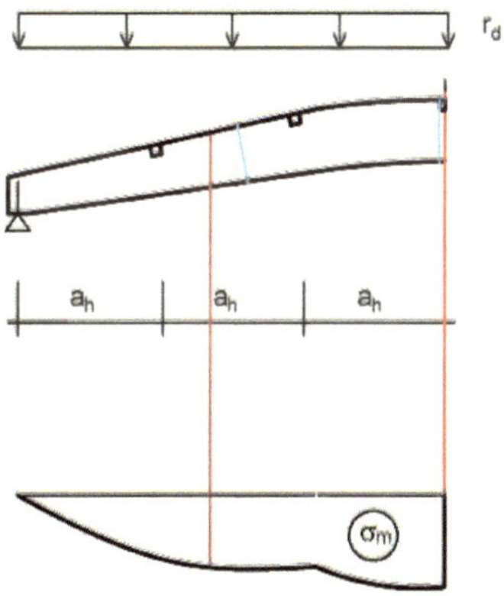

Ersatzsystem 1 (*Feld von x)*

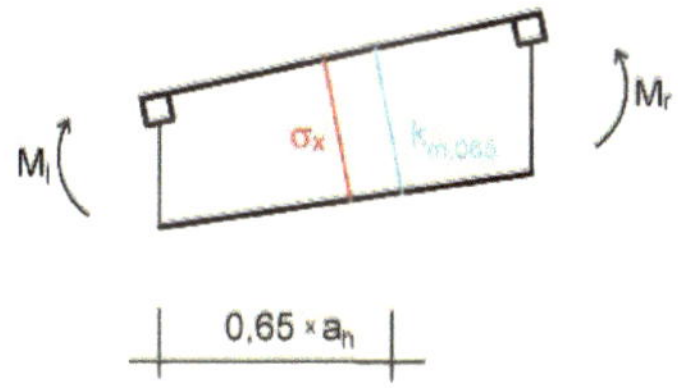

analog zum SDT 3

Ersatzsystem 2 (*Feld vor dem First*)

analog zum SDT 2

6 Querzugverstärkungen

6.1 Verstärken mit aufgeleimten Platten

Nach DIN 1052 11.4.1 (4) dürfen als außen liegende Verstärkungen folgende Konstruktionen verwendet werden:

- Aufgeklebte Holzwerkstoffplatten und Bretter
- Eingepresste Nagelplatten

Da diese das Erscheinungsbild eines homogenen Brettschichtholzbinders negativ beeinflussen und einen hohen Zeit- und Arbeitsaufwand mit sich ziehen, kommen diese nur spärlich zum Einsatz.

6.2 Verstärken mit Stahleinlage

Nach DIN 1052 11.4.1 (3) dürfen als innen liegende Verstärkungen nur folgende Stahlstäbe verwendet werden:

- Eingeklebte Gewindebolzen nach DIN 976-1
- Eingeklebte Betonrippenstähle nach DIN 488-1
- Holzschrauben mit einem Gewinde über die gesamte Schaftlänge

Diesen Konstruktionen kann ein hohes Potenzial zugesprochen werden, da sie den Binder effektiv verstärken, ihn in seinem gewohnten Erscheinungsbild belassen.
Das Einbringen der Stahleinlage erfolgt über Vorbohren.
Bei hohen Binderquerschnitten kann dies unter Umständen zu Problemen führen. Der Baustoff Holz weist als natürliches Material Fehler wie z.B. harte Astlöcher oder weiche Harzgallen auf, die dem Bohrer – zumeist mit Durchmessern von nur $12mm$ oder $16mm$ – ein „verlaufen" der Bohrspitze ermöglichen.
Da bei dieser Form der Verstärkung der Holzquerschnitt geschwächt wird, muss in zugbeanspruchten Querschnittsbereichen mit dem resultierenden Nettoquerschnitt gerechnet werden.
Die Befestigungsarten der Stahleinlage sind hierbei klar zu differenzieren zu eingeklebt und eingedreht.

Eingeklebte Gewindestangen zu Verstärkung von Holzbindern in querzugbeanspruchten Bereichen waren lange Zeit Stand der Technik. Zurückblickend und im Vergleich zu eingedrehten Gewindestangen ein zeitintensives und aufwendiges Verfahren.

Ein verarbeitender Betrieb benötigt eine Leimgenehmigung. Binderhersteller sind zwangsläufig im Besitz dieser Genehmigung, jedoch Zimmereibetriebe, die zur Sanierung oder Verstärkung bestehender Binderkonstruktionen herangezogen werden, verfügen über diese nur selten.
Nahezu jeder Klebstoff unterliegt klimatischen Randbedingungen. So auch die im Holzbau üblichen Harze und Leime, deren vorgeschriebene Temperatur während der Verarbeitung und Aushärtung konstant beibehalten werden muss, um gleichmäßige Festigkeiten über die Schaftlänge der Stahleinlage zu erreichen.
Da das Bauteil von oben angebohrt werden muss, um das Einbringen des Leimes zu ermöglichen und das Auslaufen zu verhindern, ist es notwendig die Binder aufrecht zu stellen. Bei Verstärkungen von vorhandenen Konstruktionen muss dafür die sogar die Dachhaut geöffnet werden.
Die Kraftübertragung vom Holz auf die Stahleinlage erfolgt über die mit Leim benetzte Mantelfläche. Um auftretende Spannungskonzentrationen im Übergang Zuggurt –Druckgurt zu berücksichtigen, ist Ihre Spannung mit doppelter Kraft nachzuweisen.

$$\tau_{ef,d} = \frac{2 \cdot F_{t,90,d}}{l_{ad} \cdot U} = \frac{2 \cdot F_{t,90,d}}{\pi \cdot l_{ad} \cdot d_r}$$

(Gl.186)

Der zu gegenüberstellende charakteristische Bemessungswert der Klebefugenfestigkeit wird dabei zu $f_{k,1,,k} = 4,0$ [N/mm^2] (Tabelle F.23) auf der sicheren Seite liegend angenommen.

$$\frac{\tau_{ef,d}}{f_{k1,d}} \leq 1$$

(Gl.185)

Der Nachweis der Stahleinlage nach DIN 18800 ist gesondert zu führen.

Eingedrehte Gewindestangen haben den großen Vorteil, dass sie unter jeglichen klimatischen Bedingungen auch auf der Baustelle nachträglich eingebracht werden können. Lediglich mit dem Kerndurchmesser muss vorgebohrt werden, wodurch der Binder in Längsrichtung weniger geschwächt wird.
Die Einbringung kann auch von der Binderunterseite geschehen, da die Kraftübertragung ausschließlich über die Verzahnung des Gewindes erfolgt und somit der Gebrauch von Leimen entfällt. Die mögliche übertragbare Kraft wächst hier immens. Zur Veranschaulichung wird ein Beispiel gegeben:

<table>
<tr><td colspan="2">Vergleichsrechnung unter gleichen Randbedingungen
Der Versagensfall des Reißens der Verstärkung bleibt hier unberücksichtigt.
Verankerungslänge $l = 200mm$ $\rho_k = 380$ $d = 16$ mm</td></tr>
<tr><td>eingeklebt</td><td>eingedreht</td></tr>
<tr><td>$R_{ax,k} = F_{t,90,k} = \frac{f_{k,1,k} \cdot \pi \cdot l_{ad} \cdot d_r}{2}$
$f_{k,1,,k} = 4{,}0$ [N/mm²]
$R_{ax,k} = \frac{4{,}0 \cdot \pi \cdot 200 \cdot 16}{2}$
$R_{ax,k} = 20{,}01$ kN</td><td>$R_{ax,k} = f_{1,k} \cdot d \cdot l_{ef}$
$f_{1,k} = 70 \cdot 10^{-6} \cdot \rho_k^{\,2}$ [N/mm²]
$\rho_k = 380$
$R_{ax,k} = 10{,}11 \cdot 16 \cdot 200$
$R_{ax,k} = 32{,}35$ kN</td></tr>
</table>

6.3 Konstruktive Querkraftverstärkung

Eine konstruktive Querkraftverstärkung muss angesetzt werden, wenn die aufnehmbaren Querzugspannungen im Firstbereich eines Trägers zwischen 60% und 100% ausgeschöpft sind. Sie dient zur Aufnahme zusätzlicher, klimabedingter Querzugspannungen, die rechnerisch nicht unbedingt erfasst werden können und daher pauschal erschlagen werden. Dieser Passus gilt jedoch nur für die Nutzungsklassen 1 und 2.

Berechnet wird diese nach folgender Gleichung bemessen:

$$F_{t,90,d} = \frac{\sigma_{t,90,d} \cdot b^2 \cdot a_1}{640 \cdot n} \qquad (184)$$

Die Verteilung der Verstärkungselemente sollte gleichmäßig über den Querzugbeanspruchten Bereich erfolgen.

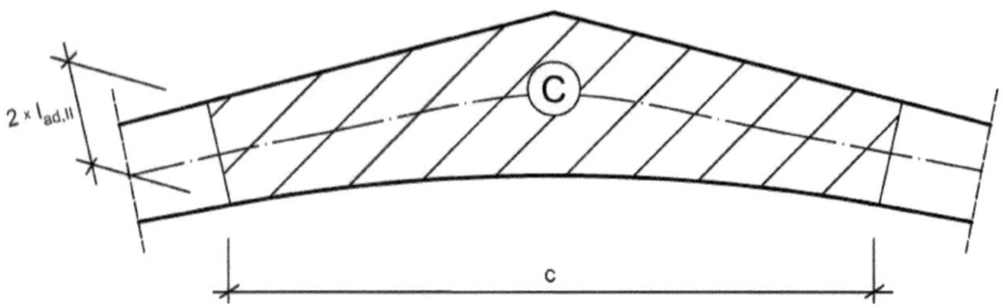

Abb. 6.1: querzugbeanspruchter Bereich

6.4 *Vollständige Querkraftverstärkung*

Auf eine vollständige Querkraftverstärkung muss zurückgegriffen werden, wenn der Holzquerschnitt nicht mehr in der Lage ist, die Spannungen rechtwinklig zur Faser aufzunehmen und ein Querzugversagen im Holz auftreten würde.
Eine rechnerische Übernahme des gesamten Querzuges im Firstbereich des Holzquerschnitts auf die Verstärkungselemte ist die Folge.

Quer zur Faser beanspruchte Träger in Nutzungsklasse 3 müssen stets mit vollständiger Querzug-Verstärkung ausgebildet werden. Mit Bezug auf Wirtschaftlichkeit einer Konstruktion, bietet es sich aber an zunächst durch konstruktive Schutzmaßnahmen, wie z.B. Bekleidungen eine bessere Nutzungsklasse für den Träger zu schaffen. Eine Reduzierung des Trägervolumens von rund 30% ist dadurch zu erreichen. Außerdem erhöht sich die Nutzungsdauer und die ansehnliche Optik des Brettschichtholzes wird für diesen Zeitraum gewahrt.

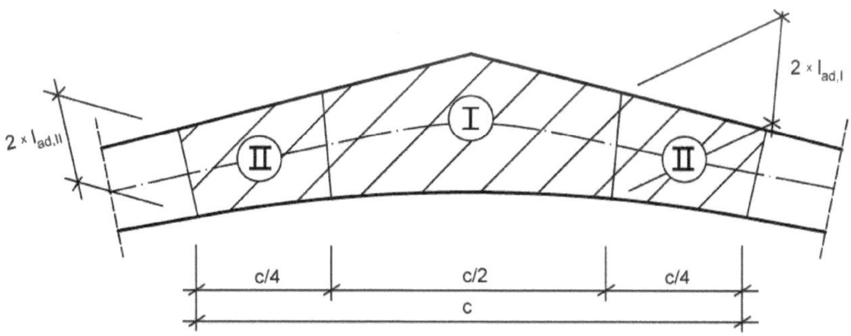

Abb. 6.2: Bereiche I und II im First

Für den mittleren stark querzugbeanspruchten Bereich I sind Verstärkungselemente anzusetzen für eine Zugkraft von

$$F_{t,90,d} = \frac{\sigma_{t,90,d} \cdot b \cdot a_1}{n} \qquad (182)$$

In den äußeren Vierteln des querzugbeanspruchten Bereichs müssen hingegen nur Verstärkungen für 2/3 der Kraft angesetzt werden.

$$F_{t,90,d} = \frac{2}{3} \cdot \frac{\sigma_{t,90,d} \cdot b \cdot a_1}{n} \qquad (183)$$

Bei Anordnung von Stahlstäben als Verstärkungsmittel für die vollständige Verstärkung ist darauf zu achten, dass die Abstände der Stäbe untereinander an der Trägeroberkante mindestens 250mm, dabei aber höchstens 75% der Trägerhöhe im First beträgt.
Randabstände sind dabei analog zu Schrauben einzuhalten.

7 Erläuterung der Bemessungsmodule

Die Bemessungsmodule sind mit Excel und der hinterlegten Visual-Basic Applikation (VBA) erstellt.
In ihrer ersten Version waren sie allesamt programmiert mit dem Statik-Editor „Bautext" von Veit Christoph Software. Jedoch unterliegt dieses Programm etlichen „Kinderkrankheiten", welche bei großen geschachtelten Formeln oft zum Absturz führten. Dennoch hat das Programm für Standard-Statik-Anwendungen durch seine hohe Transparenz bei der Formeleingabe ein enormes Potenzial.
Eine Iterationsmöglichkeit in Bautext ist nur bedingt gegeben. Durch einen stetigen Auswurf der benötigten Höhen an der jeweiligen Nachweisstelle und Neueingabe dieses Wertes in die Eingangsbetrachtung wäre es möglich eine manuelle Iteration durchzuführen. Diese zeitaufwendige Methode steht jedoch in keinem Verhältnis.
Daher kam der Wechsel zum Office-Tool Excel von Microsoft. Dieses Kalkulationsprogramm ist unglaublich leistungsstark. Es erlaubt bei Berechnungen nicht nur auf vorherige Werte zurückzugreifen, sondern auch vorzugreifen. Allein dadurch wäre eine manuelle Iteration durch ständiges aktualisieren des Datenblattes möglich. Um eine erste Automation einzubringen, gibt es hier die Möglichkeit der Zielwertsuche – ein festes Iterationstool von Excel. Es ermöglicht die Umbildung von variablen Zahlenwerten so, dass eine Zielzelle, welche auf den Variablen aufbaut, einen zuvor deklarierten Zielwert erhält.

Ein Add-in für Excel von der Firma Frontline Systems Inc mit dem Namen Solver ist aber noch weit leistungsfähiger. Der hier hinterlegte Iterations-Algorithmus gestattet es sogar Nebenbedingungen, die eingehalten werden sollen, festzusetzen.
Somit ist die Wahl der Werkzeuge für eine Optimierung der Satteldachträger klar!

7.1 Aufbau der Module

Die Module sind alle nach einem einheitlichen Erscheinungsbild aufgebaut.
Zunächst müssen Eingangswerte deklariert werden. Alle grau hinterlegten Felder können dabei verändert werden. Dann folgen alle relevanten Nachweise. Nachgewiesen werden:
Schubspannung, Auflagerpressung, Biegerandspannung, Längs- und Querzugspannung im First, sowie Durchbiegung im GZG
Querzugverstärkungen werden mit dem wirtschaftlichen Systemverbinder von SFSintec realisiert.

7.2 Optimierung

Mit den Bemessungsmodulen ist es möglich nach nahezu jeder beliebigen Vorgabe das passende Optimum zu bestimmen.

7.2.1 Optimierung des Holzquerschnitts

Bei der Optimierung des reinen Holzquerschnitts kann bereits berücksichtigt werden, welche Art der Querzugverstärkung zum Zuge kommen soll. Entscheidet man sich für einen unverstärkten Binder, so muss man nur die Querzugnachweise [η_1 und η_2] mit 1,0 begrenzen. Für eine rein konstruktive Verstärkungsmaßnahme wird nur η_1 begrenzt. Für eine vollständige Aufnahme der Querzugkräfte durch Verstärkungselemente lässt man η_1 und η_2 unbegrenzt. Man muss dann jedoch in Kauf nehmen eine hohe Anzahl an Verstärkungen anordnen zu müssen.

7.2.2 Optimierung über Binderkosten

Optimierung über die Kosten eines Binders für Brettschichtholz inklusive Verstärkungselemente leistet selbstverständlich die wirtschaftlichste Lösung.
Durch Vorgaben der Preise für 1 m³ gefertigtes BSH-Stück und dem eingebrachten Stück Gewindestange lassen sich die Kosten eines Binders berechnen. Die eigens vorgegebenen Aufwandskosten belaufen sich für Brettschichtholz auf 500 €/m³ und pauschal 30 €/Gewindestange. Letztere Positionspauschale beruht auf der Annahme, dass die Lohnkosten gegenüber den Materialkosten vorrangig sind und es dabei keinen großen Unterschied macht, welche Längen eingebracht werden.
Bei dieser Optimierung wird der Binder komplett „ausgequetscht". Der Ausnutzungsgrad des Brettschichtholzes kann bis auf volle 100% gebracht werden – gleiches gilt für die erforderliche Stahleinlage n_{req}, welche voll ausgenutzt werden kann. Hierbei werden die Auslastungen des vom Holz aufnehmbaren Querzugs nicht begrenzt.

Unter Berücksichtigung unterschiedlicher Preise für verschiedene Stärken und Breiten der Einzellamellen, sowie ihrer Güte ließe sich zudem eine implementierte Kostenmatrix erstellen, auf die bei der Bemessung zurückgegriffen kann, um eine genaue Kostenermittlung für den Nutzer zur Verfügung zu stellen.

7.3 *Eingabemaske*

Bindergeometrie

Eingangswerte	
Stützweite lef [m]	20,00
$h_{s,netto}$ [cm]	90,00
Neigung Obergurt [°]	12,0
Neigung Untergurt [°]	8,4
Auflagerlänge la [cm]	30,00
Breite b [cm]	12,00
Innenradius r_{in} [m]	36,42
Abstand d Halterungen	1/10 x lef

Abb. 7.1: Eingabe Bindergeometrie

Die vorzugebenden Systemmaße setzen sich zusammen aus der Stützweite l_{ef}, der Höhe des Binders über dem Auflager $h_{s,netto}$, Neigung der Gurte δ und β, der Auflagerlänge l_a, der Breite des Trägers b und dem Innenradius r_{in}. Der Abstand de r Obergurthalterungen kann über ein DropDown gewählt werden. Bis zu 13 Halterungen können vorgegeben werden.

Es bietet sich für die Optimierung an die Auflagerlänge auf den Wert 0 zu setzen, um dem Konflikt der Auflagerpressung entgegen zu wirken. Zudem wird hier meist eine Querdruckverstärkung realisiert.

w_0 [mm]	66,67
t [cm]	3,00
QZVM [mm]	16
VM_{netto} [mm]	12
NKL	2
KLED	kurz

Abb. 7.2: Eingabe 2

Zusätzlich kann eine Überhöhung w_0 des Binders gewählt werden. Diese fließt in den Nachweis der Enddurchbiegung ein. Die Stärke einer einzelnen Lamelle im Ausrundungsbereich wird mit t beschrieben. Über ein DropDown-Menü kann der geeignete Durchmesser der eingedrehten Querzugverstärkung *QZVM* gewählt werden. Der Durchmesser des dafür vorzubohrenden Loches VM_{netto} wird automatisch ausgegeben. Die Nutzungsklasse *NKL* und die Klasse der Lasteinwirkungsdauer *KLED* sind ebenfalls über ein DropDown-Menü zu wählen.

Belastung

Belastung pro Binder ohne EG	
gk [kN/m]	3,00
qk [kN/m]	2,00

Abb. 7.3: Belastung

Die Belastungen auf den Binder sind in Lotrichtung als charakteristische Werte anzugeben!

- Schneelasten sind bezogen auf die Grundfläche
- Eigenlasten sind bezogen auf die Dachfläche

Beiwerte nach DIN 1055-100	
ψ_0	0,50
ψ_2	0,00

Abb. 7.4: Beiwerte

Die Kombinationsbeiwerte für die vorherrschende veränderliche Einwirkung nach DIN 1055-100 ist hier anzugeben. Für Schneelasten von Tragwerken unterhalb von 1000m gelten links stehende Werte.

Materialwahl

Festigkeiten:	GL 28c	
	char.	*designed*
$f_{m,k}$	28,0	19,38
$f_{t,0,k}$	16,5	11,42
$f_{t,90,k}$	0,5	0,35
$f_{c,0,k}$	24,0	16,62
$f_{c,90,k}$	2,7	1,87
$f_{v,k}$	2,5	1,73
$E_{0,mean}$	12600	
$E_{90,mean}$	390	
G_{mean}	720	
ρ_k	380	
	kmod	0,9
	kdef	0,8

Abb. 7.5: Festigkeitsklasse

Hier wird die Festigkeitsklasse des Brettschichtholzes festgelegt. Diese kann über ein DropDown-Menü angewählt werden. Die zugehörigen Festigkeiten sind als charakteristische Werte hinterlegt und werden automatisch geladen. Über den Modifikationsbeiwert k_{mod} und den Materialsicherheitswert $\gamma_M = 1{,}30$ ($\gamma_M = 1{,}25$ für EC) werden diese zu design'ten Rechengrößen.

Optimierungsbeginn

IST	SOLL
59,9%	100,0%

Abb. 7.6: IST-SOLL

Hier wird der IST - Ausnutzungsgrad des maßgebenden Nachweises ausgegeben. Nebenstehend ist der SOLL Ausnutzungsgrad, der in der Optimierung erreicht werden soll.

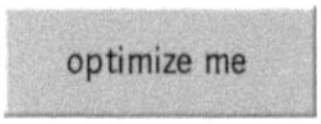

Abb. 7.7: Start-Button

Dies ist der Button, mit dem die Optimierung gestartet wird. Durch Drücken wird das im VBA-Skript hinterlegte Makro ausgeführt. Je nach Bindertyp werden unterschiedliche Systemwerte dahingehend verändert, dass möglichst viele Nachweise zum SOLL-Ausnutzungsgrad gebracht werden.

7.4 Optimierungsprozess für SDT 1

Zunächst werden für die veränderbaren Systemmaße $h_{s,netto}$ und l_a Werte aus Faustformeln, welche in der Tabelle 2 hinterlegt sind, übernommen um eine erste Näherung an das Optimum zu erlangen. Dies spart Rechenzeit für die weiteren Iterationen und vor allem begrenzt es den Fehler des „Übers-Ziel-Hinaus-Schießen" bei zu großen Iterationsschritten.

Dann wird der Solver aufgerufen und eingestellt. Da bei diesem Binder nur 2 Variablen verändert werden müssen, kann eine hohe Genauigkeit von 10^{-3} bei 1000 Iterationen vorgegeben werden.

Optimiert wird dahingehend, dass die Zelle *„J32"* (Binderkosten) sein Minimum erreicht, aber die Nebenbedingung IST-Ausnutzung *„H28"* < SOLL-Ausnutzung *„I28"* eingehalten wird.

Das hier hinterlegte Makro lautet:

```
Private Sub CommandButton1_Click()
  Range("B5").Select
   ActiveCell.FormulaR1C1 = "=Tabelle2!R[-1]C[13]"
   Range("B7").Select
   ActiveCell.FormulaR1C1 = "=Tabelle2!R[-2]C[13]"
   Range("B8").Select
   SolverReset
   SolverOk SetCell:="$j$32", MaxMinVal:=2, ValueOf:="0", ByChange:="$B$5,$B$7"
   SolverAdd CellRef:="$H$28", Relation:=1, FormulaText:="$I$28"
   SolverOptions MaxTime:=100, Iterations:=1000, Precision:=0.001, AssumeLinear _
      :=False, StepThru:=False, Estimates:=1, Derivatives:=1, SearchOption:=1, _
      IntTolerance:=3, Scaling:=False, Convergence:=0.0001, AssumeNonNeg:=False
   SolverOk SetCell:="$j$32", MaxMinVal:=2, ValueOf:="0", ByChange:="$B$5,$B$7"
   SolverSolve
End Sub
```

7.5 Optimierungsprozess für SDT 2

Für die Optimierung vorzugebenden fixen Werte der Geometrie sind die Systemlänge l_{ef}, die Breite b, die Auflagerlänge l_a und die Dachneigung δ.

Die weiteren Werte zu Bestimmung des Systems werden selbständig geladen.
Vorab werden Erfahrungswerte als Startwerte aus der „Tabelle2“ geladen:

$h = l_{ef} / 0,3$ So sollte eine Iteration ins Negative entfallen

$r_{in} = (l_{ef} - l_a / 100) / (2 \cdot \sin\delta)$ Ausrundungsbeginn c auf Auflagervorderkante gesetzt

Der folgende Aufruf des Solvers erfolgt mit den Randbedingungen:

IST < SOLL Ausnutzungsgrad

$r_{in} \geq (47 \cdot t + t^2) / 0,4 / 100$ Begrenzung des Krümmungsradius der Einzellamelle

$r_{in} \leq (l_{ef} - l_a / 100) / (2 \cdot \sin\delta)$ Ausrundungsbeginn im Feld

Das hier hinterlegte Makro lautet:

```
Range("B5").Select
  ActiveCell.FormulaR1C1 = "=Tabelle2!R[-1]C[11]"
  Range("B9").Select
  ActiveCell.FormulaR1C1 = "=Tabelle2!R[-1]C[11]"
  Range("B10").Select
  SolverReset

  SolverOptions MaxTime:=100, Iterations:=10000000, Precision:=0.001, AssumeLinear:= _
    False, StepThru:=False, Estimates:=1, Derivatives:=1, SearchOption:=1, _
    IntTolerance:=3, Scaling:=False, Convergence:=0.01, AssumeNonNeg:=True

  SolverAdd CellRef:="$H$29", Relation:=2, FormulaText:="$I$29"
      SolverAdd CellRef:="$B$9", Relation:=1, FormulaText:= _
    "'[SDT als gekrümmter Träger.xls]Tabelle2'!$M$8"
  SolverAdd CellRef:="$B$9", Relation:=3, FormulaText:= _
    "'[SDT als gekrümmter Träger.xls]Tabelle2'!$M$12"
  SolverOk SetCell:="$j$34", MaxMinVal:=2, ValueOf:="0", ByChange:="$B$5,$B$9"
  SolverSolve
```

7.6 Optimierungsprozess für SDT 3

Die hier zu verändernden Systemwerte sind $h_{s,netto}$, r_{in} und β. Im Gegensatz zu den beiden vorherigen Bindertypen ist hier die Möglichkeit des Verlaufens des Solvers recht groß. Dies ist bedingt durch nun 3 gegeneinander spielende Variablen. Um mögliche Fehler von vornherein zu begrenzen werden auch hier zunächst Faustformelwerte aus dem Tabellenblatt2 übernommen.

$h_{s,netto} = l_{ef} / 0,6$	So sollte eine Iteration ins Negative entfallen
$\beta = \delta - 3°$	Faseranschnittswinkel an Stelle x
$r_{in} = (l_{ef} - (l_{ef} \cdot h_s / h_1)) / (2 \cdot \sin\beta)$	damit wird Ausrundungsbeginn c auf Stelle x gesetzt

Dann erfolgt das aufrufen und einstellen des Solvers. Optimiert wird mit einer Genauigkeit von $0,001$ und 10^7 Iterationsschritten. Als Randbedingungen gelten hier:

IST < SOLL	Ausnutzungsgrad
$r_{in} \geq (47 \cdot t + t^2) / 0,4 / 100$	Begrenzung der Krümmung der Einzellamelle
$\beta \geq \delta$	Neigung der Gurte
$r_{in} \leq (l_{ef} - l_a / 100) / (2 \cdot \sin\delta)$	Ausrundungsbeginn im Feld

Das hier hinterlegte Makro lautet:

```
Range("B5").Select
ActiveCell.FormulaR1C1 = "=Tabelle2!R[-1]C[11]"
Range("B7").Select
ActiveCell.FormulaR1C1 = "=Tabelle2!R[-2]C[11]"
Range("B10").Select
ActiveCell.FormulaR1C1 = "=Tabelle2!R[-4]C[11]"
  Range("B9").Select
SolverReset
SolverOptions MaxTime:=100, Iterations:=10000000, Precision:=0.001, AssumeLinear:=
_False, StepThru:=False, Estimates:=1, Derivatives:=1, SearchOption:=1, _
   IntTolerance:=3, Scaling:=False, Convergence:=0.01, AssumeNonNeg:=True
SolverOk SetCell:="$j$33", MaxMinVal:=2, ValueOf:="0", ByChange:= _
   "$B$10,$B$5,$B$7"
 SolverAdd CellRef:="$B$10", Relation:=3, FormulaText:= _
   "'[SDT mit gekrümmten Untergurt.xls]Tabelle2'!$M$14"
SolverAdd CellRef:="$H$29", Relation:=1, FormulaText:="$I$29"
SolverAdd CellRef:="$B$10", Relation:=1, FormulaText:= _
   "'[SDT mit gekrümmten Untergurt.xls]Tabelle2'!$M$10"
SolverAdd CellRef:="$B$7", Relation:=1, FormulaText:="$B$6"
SolverSolve
```

7.7 Optimierungsprozess für SDT 4

Die Randbedingungen für die Optimierung lassen sich einfach von seinen Entstehungstypen ableiten.

Das hier hinterlegte Makro lautet:

```
Range("B5").Select
ActiveCell.FormulaR1C1 = "=Tabelle2!R[-1]C[11]"
Range("B7").Select
ActiveCell.FormulaR1C1 = "=Tabelle2!R[-2]C[11]"
Range("B10").Select
ActiveCell.FormulaR1C1 = "=Tabelle2!R[-4]C[11]"
Range("B11").Select
SolverReset
 SolverOptions MaxTime:=100, Iterations:=10000000, Precision:=0.0001,
 AssumeLinear:= _False, StepThru:=False, Estimates:=1, Derivatives:=1,
 SearchOption:=1, _IntTolerance:=3, Scaling:=True, Convergence:=0.01,
 AssumeNonNeg:=True
SolverAdd CellRef:="$B$7", Relation:=1, FormulaText:="$B$6"
SolverAdd CellRef:="$B$10", Relation:=1, FormulaText:= _
   "'[SDT mit gekrümmten Untergurt ohne Sattel.xls]Tabelle2'!$M$10"
SolverAdd CellRef:="$B$10", Relation:=3, FormulaText:= _
   "'[SDT mit gekrümmten Untergurt ohne Sattel.xls]Tabelle2'!$M$14"
SolverAdd CellRef:="$H$29", Relation:=2, FormulaText:="$I$29"
SolverOk SetCell:="$j$34", MaxMinVal:=2, ValueOf:="0", ByChange:= _
   "$B$5,$B$7,$B$10"
SolverSolve
```

8 Schlussfolgerungen

8.1 Nachweisformat DIN / EC

Beim Nachweis der Tragfähigkeit und der Gebrauchstauglichkeit von Biegeträgern unterscheidet sich der Eurocode nur unwesentlich von der DIN 1052.

Neben unterschiedlichen Festigkeitswerten für $f_{t,90,k}$ und $f_{v,k}$, die bis zu 20% abweichend zur deutschen Norm stehen, gibt es zwei Nachweise, die den EC als unwirtschaftlicher darstellen. Zum ersten kann im Eurocode als Verstärkungsart nur eine Vollständige bereitgestellt werden. Konstruktive Maßnahmen der Querzugsicherung zur Abdeckung von klimatisch bedingten Querzugspannungen werden nicht geregelt.

Seit der Fassung von 2008-08 darf für den Nachweis der Schubtragfähigkeit die in Rechnung stellende Querschnittsbreite nicht mehr voll angesetzt werden. Um den Einfluss von Rissen zu berücksichtigen ist die Breite um den Faktor $k_{cr} = 0,67$ für Brettschicht- und Vollholz abzumindern.

Als weiterer Unterschied ist der empfohlene Materialsicherheitsbeiwert γ_M zu nennen. Dieser liegt in DIN 1052 bei $1,30$ für Brettschichtholz; nach dem Eurocode um 5% günstiger bei $1,25$.

Die für Biegeträger ausgelegten Nachweise nach dem Eurocode sind in ihrem Faseranschnittswinkel und ihren Obergurtneigungen nicht begrenzt. Während in der DIN sinnvolle Grenzwerte gegeben sind, enthält sich die europäische Norm.

Hier ist klar festzuhalten, dass Satteldachträger – nachgewiesen nach deutscher Vorschrift – wirtschaftlichere und in Bezug auf geforderte Querzugsicherungen langlebigere Ergebnisse liefern.

8.2 Wahl der Holzgüte

Die Wahl der richtigen Holzgüte, hängt von vielen Faktoren ab. Um einen möglichst schlanken Träger auszubilden, ist ein Brettschichtholz hoher Güte zu wählen. Diese schlagen sich in ihren Mehrkosten erheblich nieder. Um dennoch ein gewisses Einsparpotenzial an Kosten zu nutzen, fällt die Wahl auf eine kombinierte Brettschichtholzklasse.

Auf die besonders zu beachtenden Querzugspannungen hat die Wahl der Holzgüte auf den ersten Blick keinen Einfluss, da ihre Festigkeit rechtwinklig zur Faser für eine Bemessung nach DIN 1052 dieselben Größen haben. Doch durch die geringere Höhe eines festeren Bauteils minimiert sich der zwar der Beiwert k_p , allerdings vergrößert sich auch die einfließende lineare Spannungsverteilung (M / W). Der gewaltige Ausschlag des kleineren Widerstandsmomentes kann durch den weiteren Höheneinfluss in der Bestimmung der Auslastung des Querzuges auf das Holz nicht ausgeglichen werden.

Geringere Güte erzeugt geringere Querzugauslastung.

Für rechteckige Brettschichtholzquerschnitte lässt sich pauschal ein Kippnachweis erschlagen, wenn die Bedingung $\lambda_{rel,m} \leq 0,75$ erfüllt ist bzw. $l_0 = l_{ef} \cdot h / b^2 \leq 140$, wobei l_{ef} der Ersatzstablänge des Kippfeldes entspricht. Der hier zugrunde gelegte Pauschalbeiwert liegt bei $\kappa_m = 0,0634$. Für eine genauere Herangehensweise sind je nach Festigkeitsklasse unterschiedliche Grenzwerte gegeben. Deren Beiwerte lassen sich für Brettschichtholz bestimmen mit:

$$\kappa_m = \sqrt{\frac{f_{m,k}}{\pi \cdot \sqrt{1,4 \cdot E_{0,05} \cdot G_{05}}}}$$

Gütekl.	**GL 24h**	**GL 24c**	**GL 28h**	**GL 28c**	**GL 32h**	**GL 32c**	**GL 36h**	**GL 36c**
κ_m	0,0518	0,0544	0,0537	0,0548	0,0550	0,0562	0,0564	0,0573

Abb. 8.1: κ_m - Werte

Aus der Zusammenstellung ist klar ersichtlich, dass das Bestreben des Kippens bei geringerer Güte ebenfalls geringer ist.

Beim Vergleich zweier optimierter Binder unter gleichen Bedingungen bei unterschiedlichen Festigkeitsklassen erhält man jedoch den gegenläufigen Effekt. Das Kippbestreben ist bei dem Festeren kleiner. Durch höhere Festigkeitseigenschaften reduziert sich die Höhe des Querschnitts, welche wiederum den Kippschlankheitsgrad $\lambda_{rel,m}$ im hohen Maß begünstigt bzw. verkleinert.

Da Satteldachbinder in der Regel nicht mehr ohne Querzugsicherung ausgebildet werden, empfiehlt sich für Regelfälle die Wahl der Festigkeitsklasse GL28c.

8.3 *Satteldachträger Typ 1*

Für diesen Satteldachträgertyp gibt es ein bezüglich der Dachneigung bei üblichen Belastungen und Stützweiten ein Optimum für eine Kostenbetrachtung. In der Regel tritt dieses an der Stelle von $\delta \approx 3°$ ein, da bis zu diesem Winkel der Faseranschnitt im Biegedruckbereich an der Stelle x nicht berücksichtigt werden muss bzw. nur einen Abminderungsfaktor $k_{\alpha,c} \approx 1{,}0$ erzeugt.

Der Widerstandsmomentenverlauf hat hier die beste Anpassung an den Momentenverlauf der Einwirkungen. Bei Dachneigungen von $\delta \leq 3°$ rutscht die Stelle der größten Spannung in den Firstbereich. Der Biegespannungsnachweis im First wird dabei für die Bemessung maßgebend. Bei Dachneigungen zwischen $3° \sim 10°$ steigen die Widerstandsmomente steiler an als die der Biegung. Die Stelle des maßgebenden Nachweises rutscht demnach in Auflagernähe. Die Schubspannungen oder die vor das Auflager gerutschte Stelle x erreichen hier ihr Maximum.

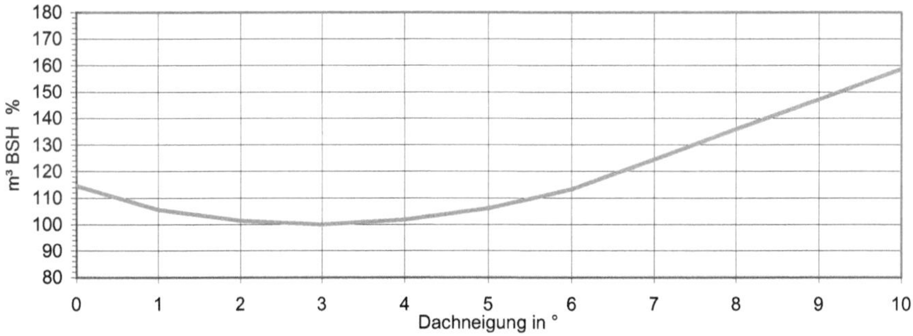

Abb. 8.2: Qualitativer Verlauf der BSH-Volumina in Abhängigkeit der Dachneigung

Ein weiterer günstiger Effekt, der bei einer Dachneigung von $\delta \approx 3°$ auftritt, ist der kleiner werdende Kippschlankheitsgrad $\lambda_{rel,m}$ bezogen auf die komplette Binderlänge. Somit werden die Kipplasten q_d geringer – die Aussteifungskonstruktion kann kleiner dimensioniert werden.

Ab Obergurtneigungen von $\approx 7°$ wendet sich der Verlauf der vom Träger erzeugten Kippkräfte wiederum. Ab diesem Winkel schrumpfen die Druckkräfte N_d im zu haltenden Obergurt durch den großen Hebelarm im First überproportional zum geringer werdenden Kippschlankheitsgrad.

Diese Feststellung sollte bei der Wahl der „richtigen" Dachneigung jedoch unberücksichtigt bleiben, die sie keinesfalls im Verhältnis zum gewaltigen Bindervolumen steht.

8.4 Satteldachträger Typ 2

Der einfach gekrümmte Träger mit Aufsattelung ist vom wirtschaftlichen Standpunkt betrachtet kaum vertretbar. Die konstante Höhe des Trägers wird zumeist im First durch den einzuhaltenden Längsspannungsnachweis vorgegeben. Die auftretenden Querzugspannungen sind dabei recht gering und können zumeist mit einer konstruktiven Verstärkung abgedeckt werden.

Laut deutscher Normung sind hier keine Grenzen bzgl. der Neigung des Binders vorgegeben. So ist man bei Dachneigungen ab 20° auf diesen Bindertyp angewiesen.

8.5 Satteldachträger Typ 3

Bei diesem optimierten Satteldachträger mit gekrümmten Untergurt gibt es keinen Bestwert bezüglich der Dachneigung beim Vergleich der jeweiligen Bindervolumina.
Die Querschnittshöhe am Auflager h_s bleibt immerzu stetig. Beim Untergurt stellt sich immer eine Neigung von $\beta \approx \delta - 3°$ ein. Daraus bildet sich direkt ein konstantes Maß für die Höhe h_1.
Die Einwirkungsmomente bleiben schließlich nahezu dieselben – Widerstandsmomente bleiben demnach gleich!

Jedoch steigt mit der Neigung des Binders die Querzugspannung im First. Die Kraftvektoren im First wirken hier unter steilerem Winkel gegeneinander und verursachen so höhere Umlenkkräfte.

Die Möglichkeit, den Sattel lose aufzulagern würde sich demnach anbieten, da dann die Druckgurte der Trägerhälften unter einem flacheren Winkel zusammen geführt werden.

Um bei diesem Satteldachträgertyp Gewindestangen – und natürlich auch Holzvolumen – einzusparen, sollte man den Ausrundungsbereich minimieren, um die auftretenden Querzugspannungen in diesem Bereich zu konzentrieren.

8.6 Satteldachträger Typ 4

Gleiche Erkenntnisse aus seinen Ursprungstypen lassen sich wiedergeben. Durch den lose aufgesattelten Firstkeil trägt dieser in Längsrichtung nicht mit, wodurch der gesamte Träger erhöht und die Untergurtneigung angepasst werden muss. Dies hat eine erhebliche Zunahme des Holzvolumens zur Folge.

Klar festzuhalten ist, dass durch den konzentrisch gekrümmten Bereich im First geringe Querzugspannungen auftreten. Da diese kombinierte Trägerform aber nur bei geringsten Belastungen oder Systemlängen ohne eine Querzugverstärkung auskommt, ist es weit wirtschaftlicher den Firstkeil als tragendes Teil in Längsrichtung mit zu aktivieren und auf die Leimlose Fuge verzichten.

Aus wirtschaftlicher Sicht sollte dieser Trägertyp nur gewählt werden, wenn aus transporttechnischen Gegebenheiten eine Begrenzung des Raummaßes gegeben ist.

9 Ausblick

Mit den im Zuge der Diplomarbeit erstellten Bemessungs- und Optimierungsprogramme für unterschiedliche Satteldachträgertypen in Holzbauweise lassen sich wirtschaftlichste Dachtragkonstruktionen errechnen. Diese Binder stellen nur ein Konstruktionsteil eines Gesamtobjektes dar.

Eine Bibliothek an Optimierungsprogrammen für andere übliche Holzbauteile und deren Anschlüsse wäre fortführend interessant, um auch hier höchste Wirtschaftlichkeit bieten zu können.

Selbst ganze Typenstatiken ließen sich in Excel abbilden und aus offen gehaltenen Systemwerten automatisch ihr jeweiliges Optimum bestimmen.

Mit der in Excel integrierten Programmiersprache, der Visual-Basic-Applikation, stehen dem Anwender nahezu jegliche programmierbare Funktionen zur Verfügung. Selbst Übergaben ermittelter Geometrien der Bauteile an CAD-Systeme via eines DXF Datenaustausches sind hier möglich. So könnte man nach dem Baukastenprinzip Tragteile zusammenfügen.

Um das Ziel zu verfolgen Holz populärer für den konstruktiven Ingenieurbau zu machen – seinen Einfluss zu vergrößern – sind dem Planer ansprechende Bemessungshilfen für sämtliche Anwendungsbereiche vorzugeben.

Im folgenden Anhang sind Beispiele für Satteldachträger in Holzbauweise gegeben, um diesem Vorhaben einen ersten Schwung zu geben.

10 Abbildungsverzeichnis

11 Literaturverzeichnis

Bücher

[B.1] RUG, W, MÖNCK, W. [2008] : Holzbau - Bemessung und Konstruktion, 15. vollst. überarb. Aufl., Berlin, Huss

[B.2] SCHNEIDER, K.-J., u.A. [2004] : Bautabellen für Ingenieure, 16. Aufl., München, Werner

[B.3] BUND DEUTSCHER ZIMMERMEISTER [2005] : Praxishandbuch Holzbau, 1.Aufl., Berlin, Beuth WEKA

[B.4] WERNER, ZIMMER [1999] : Holzbau 2 – Dach und Hallentragwerke, 2.Aufl., Berlin, Springer

[B.5] KÖRN, B., WEBER, M. [2002] : Das Excel – VBA Codebook, München, Addison-Wesley

[B.6] COLLING, F. [2004] : Holzbau. Grundlagen - Bemessungshilfen – Beispiele, 1. Aufl., Vieweg+Teubner

Normen / Zulassungen:

- DIN 1052 [2008-12] : Entwurf, Berechnung und Bemessung von Holzbauwerken - Allgemeine Bemessungsregeln und Bemessungsregeln für den Hochbau
- DIN EN 1995-1-1 [2004+A1:2008] : Eurocode 5: Bemessung und Konstruktion von Holzbauten - Teil 1-1: Allgemeines - Allgemeine Regeln und Regeln für den Hochbau
- DIN 18800-1 [1990-11] : Stahlbauten – Bemessung und Konstruktion
- DIN 976-1 [2002-12] : Gewindebolzen - Teil 1: Metrisches Gewinde
- DIN EN 1194 [1999-05] : Brettschichtholz - Festigkeitsklassen und Bestimmung charakteristischer Werte

Zeitschriften:

[Z.1] Holzbau Handbuch, Reihe 2: Tragwerksplanung, Teil 12: Aussteifung und Verbände, Folge 1: Verbände und Abstützungen - Grundlagen, Regelnachweise

[Z.2] Informationsdienst Holz / FH Bielefeld - Campus Minden: „Leporello“ - Bemessungs- und Konstruktionshilfen für Holzbauteile nach DIN 1052 : 2008-12

[Z.3] SFSintec Produktbroschüre: Querzugverstärkungen einfach gelöst – Befestigungssystem WB Verbinder

Internetquellen:

- FAßNACHT P.: Excel Forum [*www.office-loesung.de*]
- HERBER H.W.: Excel-Lehr- und Lernmaterialien [*www.herber.de*]
- KRAMER G.: Rund um Microsoft Office [*www.ms-office-forum.net*]